U0636605

陈镜伊 著

试佳话

江苏凤凰美术出版社
全国百佳图书出版单位

图书在版编目（CIP）数据

考试佳话/陈镜伊著． --南京：江苏凤凰美术出版社，2016.9

（中华传统道德故事经典）

ISBN 978 - 7 - 5580 - 0922 - 8

Ⅰ．①考… Ⅱ．①陈… Ⅲ．①伦理学 - 中国 - 通俗读物 Ⅳ．①B82 - 029

中国版本图书馆 CIP 数据核字（2016）第 213667 号

责任编辑	曹昌虹
特约编辑	邱　昱
封面设计	严　潇
责任监印	蒋　璟

书　　名	考试佳话
著　　者	陈镜伊
出版发行	凤凰出版传媒股份有限公司
	江苏凤凰美术出版社（南京市中央路 165 号　邮编：210009）
	北京凤凰千高原文化传播有限公司
出版社网址	http://www.jsmscbs.com.cn
经　　销	全国新华书店
印　　刷	三河市祥达印刷包装有限公司
开　　本	710mm×1000mm　1/16
印　　张	10.5
版　　次	2016 年 9 月第 1 版　2016 年 9 月第 1 次印刷
标准书号	ISBN 978 - 7 - 5580 - 0922 - 8
定　　价	23.00 元

营销部电话 010 - 64215835 - 801

江苏凤凰美术出版社图书凡印装错误可向承印厂调换　电话：010 - 64215835 - 801

前　　言

当人类告别爬行，以一种理智的生物存在并繁衍之时，道德便成了维系人类社会的重要因素，它引导人类从愚钝走向聪慧，从落后走向进步，从野蛮走向文明。人类文明的标志不仅仅是其物质的繁荣，精神家园的充实与高崇也是不可缺少的。道德是人生不能偏离的航线，是滋养美好人性的沃土。即使是到了物质文明高度发达的今天，高尚的道德情操也依然是赢得人生成功的重要因素。

中国是一个有着几千年文明史的国度，历代思想家和教育家都十分注重道德教育，将道德当成做人的基础，所谓"大学之道，大明明德"，所言即此。中国古代成功的政治家都讲德政，孔子说："为政以德"，孟子说："善教者得民心"，而在民间教育方面，由于道德是入仕为官的基础，所以也都十分注重道德教育。中国传统道德涵盖的范围很广，从总体上来说包含两个方面，其一是个人的道德修养及道德准则，其二是个人与社会和家庭的关系。中国传统道德对做人的基本要求是有"礼"，具体来说是：志向高远、仁爱诚信、正直无私、刚正不阿、勤俭节约、自强不息。正因如此，中国自古至今，许多道德崇高的人能名垂青史，许多感人的道德故事能经久流传。

当然，在我们进行现代化建设的今天，如何对待传统道德也是一个值得关注的问题。有人认为传统道德和传统道德教育不符合当今社会的要求，应该完全抛弃，要重建道德；也有人认为，传统道德和传统道德教育是重塑中国人的道德精神、实现民族复兴的法宝，应该复兴儒学，把传统道德发扬光大。这两种观点都有些偏执，我们应该看到传统道德与现代社会的冲突，但也应该看到道德的继承性。所以，我们主张，对待传统道德，要像对待传统文化遗产一样，批判地接受，摒弃其不合时宜的陈腐东西，发扬其积极并于今有益的东西，使其为现代道德教育和精神文明建设所用。

正是有鉴于此，我们整理出版了这套《中华传统道德》丛书。这套书是民国时期江苏海门人陈镜伊所编写的。他根据历史记载，从浩如烟海的典籍中精选出了数千个故事，分为"官吏良鉴"、"孝史"、"家庭美德"、"法曹圭臬"、"考试佳话"、"英勇将士传"、"妇女故事"、"巧谈"、"祸福真谛"、"人伦之变"、"民间懿行"、"赈务先例"、"冤孽"等十三类，以《道德丛书》之名发行，在民国期间产生了较大反响。陈氏的分类虽然带有较强的旧式文人思维特色，这种旧式思维肯定有与现代的观念和意识不相一致的地方，但其中不少故事还是有一定现实意义的。我们根据批判与继承的原则，从整体上保留了本套书的原貌，为了方便大众的阅读和理解，我们进行了注释和翻译，并在适当的地方进行了评点。我们相信，读者有自己的判断和思考，我们期望，这套书的出版能为当今的精神文明建设、创建和谐社会发挥一定的积极作用。

2010 年 9 月

目录

得名篇

目 录

失名篇

目 录

失名篇

目
录

得名篇

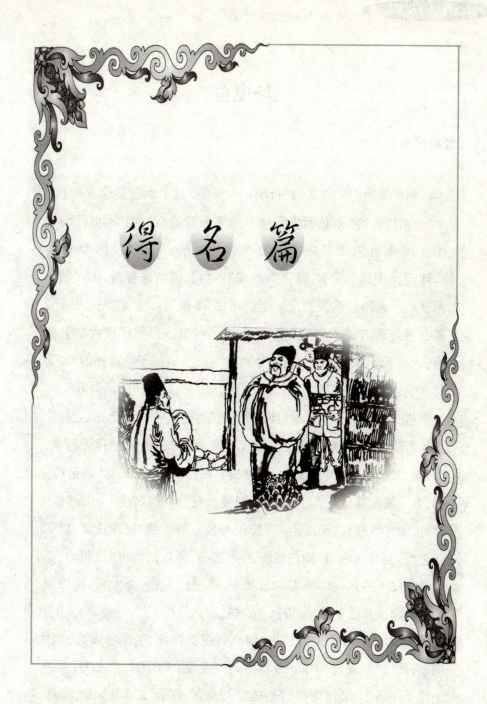

三场曳白①

【经典原录】

句容某生博学能文，好行阴德。值②乡试③无资，得亲友赆仪④十余金，抵省寓⑤东花园地藏庵。闻邻舍有老妪失养，不得已而卖媳者，分离前夕，哭甚哀，讯其子则多年远出矣。生恻⑥然，为辗转作计，诡⑦作其子家书，言："久商获利将归，因结账暂留，先寄银十两，以资⑧家用。"明发投之。老妪得银，事遂解。生复借贷入闱⑨，梦有神告之曰："子获隽⑩矣，然必三场俱曳白乃妙。"醒而窃笑荒唐，题纸下。方欲握管⑪，恍惚梦神阿⑫止之，曰："子欲落孙山外耶？卷有字，榜无名矣。"生仍不信，静坐构思，而心如废井，绪似棼⑬丝，日已将夕，不能成一字。继且神思⑭困惫，竟入睡乡。及觉，见提筐出场者踵相接，无奈何亦交卷而出。闻蓝榜⑮已揭⑯，趋视无己名，乃勉入二三场，遂坦然曳白。迨揭晓，则已高标第二名。正错愕⑰间，有飞骑递某令札⑱至，启视则闱稿悉具。令固名进士，由庶常⑲改外，派作收卷官，深以不与⑳衡校为恨。得闱题，技痒难禁，默成三艺㉑。适接生白卷，袖归寝所，疾写发誊，欲以试内帘㉒之眼力，而唯恐生之不再来也。继得二三场卷，俱一律曳白，益大喜，始终完其卷。填榜知已夺魁，意得甚，故密札以达㉓之。生诣㉔谢，令笑问："君何惜墨乃㉕尔？"生以梦告，问有何阴德致此，生谦言无之，固㉖问因，微言㉗场前寄银事。令拱手曰："是矣。子代人作家书，天遣予代子作场艺，又何谢焉？"报施之巧如此，遇合之奇又如此，梦中神语之不惮烦又如此，一㉘善行之所系㉙，不綦㉚重哉？

【难点简注】

① 曳白:考试交白卷。

② 值:适逢。

③ 乡试:明清两代每三年一次在各省省城(包括京城)举行的考试。考期在八月,分三场。考中的称为举人。

④ 赆仪:赆,赠给人的路费或礼物。仪,礼物。

⑤ 寓:寄居,居住。

⑥ 恻:悲痛。

⑦ 诡:欺诈。

⑧ 资:供给,资助。

⑨ 闱:考试的地方。

⑩ 隽:通"俊",比代"考中"。

⑪ 管:这里指笔管。

⑫ 阿:通"呵",斥责。

⑬ 棼:纷乱。

⑭ 神思:精神、思想。

⑮ 蓝榜:清代科举考试榜文名目之一。乡试制度规定,考生缮写试卷有一定的规格,设有违式,如题目写错,真草不全,越幅(中间有空页)曳白(白卷),污损涂抹,以及首场考试的各篇文章起讫虚字相同,二场丧失年号,三场策题讹写,或行文不避庙讳、御名、圣人讳等,经受卷所至对读所叠次查出,即将违式考生的名单,在贡院外墙榜示,称为蓝榜。凡是在第一、第二场被列入蓝榜的考生即除名,不能继续参加下场考试,不在录取之列。

⑯ 揭:公布。

⑰ 错愕:惊诧。

⑱ 札:书信。

得
名
篇

⑲ 庶常:庶吉士的代称。明初置,永乐后专属翰林院。清代翰林院设庶常馆,选新进士之优于文学书法者,入馆学习,称翰林院庶吉士。三年后(也有提前举行的),考试成绩优良的,分别授以翰林院编修、检讨等官,其余分发各部任主事等职,或以知县优先委用,称"散馆"。庶吉士通常称"庶常"。

⑳ 与:参与,在其中。

㉑ 艺:犹言"文"。

㉒ 内帘:主考官。

㉓ 达:发表,传告。

㉔ 诣:到。

㉕ 乃:如此。

㉖ 固:坚持。

㉗ 微言:不明言,用暗喻示意。

㉘ 一:语气助词,用来加强语气。

㉙ 系:关涉。

㉚ 綦:极,甚,很。

【释古通今】

三场曳白

江苏句容有一位书生博学多才,善写文章,好积阴德。乡试时间到了,他却没有盘缠。幸好有亲友赠送十多两银子,才算解决了难题。书生到达省城后,住在东花园地藏庵。听说他的邻居中有位老妇人因为难以维持生计,不得已要卖掉媳妇,婆媳二人离别前,痛哭流涕。书生问起老妇人的儿子,得知其出门在外,已多年没有回家了。书生听了心生不忍,晚上辗转反侧,无法入睡,一心想办法帮助老妇人。最后,他决定假冒老妇人的儿子写一封家书,信上说:"长时间经商已经赚了钱,快要回家了，但是因为结账的事需要再留几日，所以，先寄十两银回去，以贴补家用。"第二天，儒生就将信投寄了出去。老妇人收到银子，卖媳妇的事也就作罢。儒生没有了银两，只好再借钱去应试，答卷时，恍惚梦见有神人告诉他说："你会取得好成绩，但必须三场考试都交白卷才行。"儒生梦醒后，暗笑这个梦很荒唐，准备将梦见的事写在试卷上面。正要提笔写时，恍惚又梦见神人喝止他说："你想名落孙山吗？如果试卷上有字，你就会榜上无名。"儒生仍不相信，于是静坐构思，然而心如枯井，头绪纷乱，直到天色已晚，也没有写出一个字。一会儿更觉得神思困乏，竟然睡了过去。等到醒来时，书生见考生们一个个都走出考场，无奈之下交了白卷，走出考场。到蓝榜名单公布时，儒生快步去看，没有自己的名字。便勉强又参加第二场和第三场的考试，也都交了白卷。不料等到揭榜时，书生竟以第二名高中。正惊愕时，有快马递来某位长官的信札，儒生打开一看，自己的考卷都在里面。原来这位长官本来是位有名的进士，由候补官转为正式官，派出担任收卷官，深憾不能参与这次考试，和众考生较量高低。长官得到考题后，手痒难耐，悄悄写了一篇。恰好接到儒生交来的白卷，长官就将它藏在袖子里，带回住所，快速誊写上去，想以此来试探主考官的眼力，但又担心书生不再来参加考试。接着，长官又得到儒生的第二、第三场试卷，发现都是白卷，越发高兴，将试卷一一答完。等到填榜时，长官知道书生已经夺魁，十分得意，所以，写了一封密信传告儒生。儒生前往致谢，长官笑着问道："你为什么这么惜墨如金而交白卷呢？"儒生就说了梦中见到神人的事，长官又问儒生积有什么阴德会使神人托梦，儒生谦虚地回答说没有。长官坚持要问原因，儒生只好简略地把考前寄十两银子的事说了一下。长官听了，拱手说道："这就对了。你顶替别人写家书，上天派我替你做答卷，你又何必谢我呢？"施予和回报恩惠有如此之巧，遇合又有如此之奇，梦中神语又是如此不怕麻烦，善行所关系到的，不是很重要吗？

妙笔点评

考试是改变人生命运的大事,可是当别人遇到困难的时候,敢于牺牲自己的利益去帮助他人,救人于急难之中,这更是一种值得称道的品质。这个故事利用巧合的艺术,给施恩之人一个出乎意料的善报,就是对这个乐善好施的学子的褒扬。三次受神的暗示交出白卷,而三次又得到最好的答卷,这种富有戏剧性的巧合,一次次地肯定着乐善好施的义举。考试,也就是在考验人的品格。

偶然中举

得名篇

【经典原录】

明状元曾鹤龄永乐辛丑会试①,与浙江数举人同船,都是年少轻狂,议论锋出。曾公为人简默,若无能者。众举人取书疑义问之,曾俱逊谢②不知,皆笑曰:"彼偶然中举人耳。"因呼为"曾偶然"。已而③众皆不中,曾中状元,乃以诗寄之曰:"捧领乡书谒九天,偶然趁得江南船。世间固有偶然事,不意偶然又偶然。"

【难点简注】

① 会试:明清两代每三年在京城举行的考试。各省的举人皆可应考。分为三场,考中者称贡士。

② 谢:推辞。

③ 已而:不久。

【释古通今】

偶然中举

　　明朝状元曾鹤龄于永乐年间参加会试,在赶考的途中,恰好与几个浙江的举人坐在同一条船上。这几个举人都是年少轻狂,言辞犀利。曾公沉默少言,看上去好像没有什么能力一样。这些举人就专挑书中有疑义的地方前来问他,他都谦虚地推说不知。于是,举人们嘲笑说:"他只是偶然中了举人而已。"并给他取了个绰号,叫"曾偶然"。不久,会试时,这些举人都没有考中,只有曾公考中了状元。曾公就给这些举人寄了一首诗:"捧领乡书谒九天,偶然趁得江南船。世间固有偶然事,不意偶然又偶然。"

　　为人谦虚,尊敬他人是值得珍视的态度,而狂妄自大往往会遮蔽住自己的视野。曾鹤龄寄给那些举人的诗,就很值得我们玩味。"偶然"并非偶然,而是必然的结果。不在于外在表现的张狂,重要的是内在的涵养和学识。机遇向来是垂青于那些有准备的人的。

卷出箱中

【经典原录】

　　宜兴县穆大勋,顺治辛丑进士。甲午举于乡,年十九时,本房郝翀翰取卷已足,余卷束置箱中。中秋之夕,已就寝,闻箱中剥啄声,疑为鼠,卷解部,恐啮①损,呼吏启视箱,视之无所有,仍锁讫②。

俄而③声又作,复令启视,逐束抖检,卒④无他,姑⑤置之。明晨,则见一卷从箱口移动而出少许,郝乃大骇,指示诸役,役尽惊,起箱出卷。亟⑥加品题呈主考,遂取中。出闱⑦后,大勋谒⑧谢。适举子三人同见,甫⑨就座,郝公亟问孰⑩为穆兄者,大勋应诺,公曰:"子之获隽也甚异⑪。"大勋罔测。公曰:"兄平生有何阴德?"谢无。有问其父若祖,谢如前。公曰:"必有阴德,试详之。"大勋乃曰:"只有一事,或合天心。某父为外郎,敝邑某乡三村鼎立,某宦欲造墓其间,三村尼⑫之,不果造,宦衔⑬之。张提台在镇,宦为言三村构叛,已得令,发兵屠剿。令下邑,邑侯召某父语之,父言今若日中⑭往,将窜散,须夜半,可剿绝无遗,副⑮上令也。侯以为然。父急属⑯密戚遍语三村,大兵至矣,可速去,三村人遂窜走。兵以二鼓行,不得一人,所屠牛羊犬豕⑰而已。"郝公向天拜曰:"有此阴德,诚宜⑱显报。予闱中得子卷,其异尔尔。子年少登科,行将成进士,须做好官,福正未艾⑲也。"辛丑登第,宰于嘉善,清惠有声。

【难点简注】

① 啮:咬。

② 讫:完毕。

③ 俄而:一会儿。

④ 卒:最终。

⑤ 姑:姑且,暂且。

⑥ 亟:急忙,赶紧。

⑦ 闱:考试的地方。

⑧ 谒:拜谒。

⑨ 甫:始。

⑩ 孰:谁。

⑪ 异：奇异，奇特。

⑫ 尼：阻止。

⑬ 衔：怀恨。

⑭ 日中：中午，正午。

⑮ 副：辅助。

⑯ 属：嘱托，委托。

⑰ 豕：猪。

⑱ 宜：应该。

⑲ 艾：停止，完结。

【释古通今】

卷出箱中

宜兴县穆大勋，是顺治辛丑那一年的进士。在此之前，甲午那一年他受到乡里的举荐，十九岁时，本房郝翀翰把已经被录取的考卷全部装起来，其余的都捆好了放在箱子里。中秋那天的夜里，郝翀翰已经睡下，忽然听到箱子里有剥啄试卷的声音，他怀疑是老鼠，因为试卷要送交官衙，他担心试卷被老鼠咬坏了，就叫来属下打开箱子看看，结果没有发现什么异常情况，仍然把箱子锁了起来。一会儿，郝翀翰听到又传来那种剥啄试卷的声音，又让属下打开箱子看看，这一次一捆一捆地抖开检查，最终还是没有发现什么异常情况，只好暂且不去管它。第二天早上，郝翀翰看见一份试卷从箱口移动出来一点儿，大为吃惊，命令属下查看，属下们也都很惊奇，便把箱子里的试卷全部拿出来。郝翀翰急忙在这份试卷上加了批语，然后将它呈报给主考官，这份试卷终于被取中。郝翀翰走出考场后，穆大勋前来拜谢。碰巧考中的三个举人一同来拜见郝翀翰，几个举人刚刚坐下，郝翀翰就迫不及待地问谁是穆兄，穆大勋应声而答，郝翀翰说："你这次得了优秀，情况很特殊。"穆大勋不知道他为什么会这么说。郝翀翰接着问："穆兄平生积累了什么阴德?"穆大勋谦虚地回答说没有。郝翀翰又问他的父亲、祖父有没有积什么阴德?穆大勋仍然辞谢说没有。郝翀翰说："你必定积有阴德,就详细地说说吧。"穆大勋这时才说："只有一件事,或许能够让上天满意。我的父亲担任外郎的时候,我的故乡里有三个村子紧挨着,有一个做官的想在这三个村子中间修墓,村民们纷纷阻止,做官的最终没能如愿,从此便怀恨在心。张提台镇守这个地方,做官的就跑去诬告说三个村子的村民谋反,结果张提台下令发兵屠剿。这个命令到达乡邑,乡邑侯召来我的父亲,告诉了这件事,我的父亲说如果中午派兵去,村民会四处逃窜,必须等到半夜,才可以把村民全部剿灭,这样的话,便能完成上面的命令。乡邑侯同意了我父亲的建议。随后,我的父亲急忙嘱托关系密切的亲戚赶紧跑到这三个村子,告诉所有的人围剿的士兵快要来了,必须尽快逃走,三个村子的村民得到消息后,纷纷逃走了。士兵二鼓时分来到村子里,没有抓到一个人,杀掉的只有牛、羊、狗、猪而已。"郝翀翰向天叩拜说:"你的父亲积累了这样的大阴德,确实应该得到很好的报应。我在考场里发现了你的试卷,竟然如此离奇。你年纪轻轻就考中了,即将成为进士,你以后要记住做个好官,现在的你正是福气好的时候。"穆大勋辛丑这一年考中进士,为官清正,颇有声望。

妙笔点评

按照正常的考试规则,穆大勋是不能考中的,然而,他因为承受了父亲的阴德,最终可以顺利地通过考试。可见,选拔人才的时候,固然要看重他的才干,但品德的好坏应该是首先要考虑和考察的。这就是自古以来传统所谓的德才兼备,而以德为首。

卷移案上

【经典原录】

　　莆田林某会试北上，道经吴江，泊舟高楼下。夜半，楼中火起，一露身少妇从楼窗跃出，坠林船。见其寒，解狐裘，令自拥①之，谓曰："尔②少妇，我孤客，舟中不便久留。"乃载往彼岸，送至僻处，扬帆竟去。是科成进士，偕一吴江同年③，谒房师④。房师诘⑤林曰："初阅贤契⑥卷，弃之，旋⑦梦至公堂，见关夫子批卷面云：'裸形妇，狐裘裹，秉烛达旦尔与我。'晨起见此卷，已在案上矣。子必有大阴德，可告我。"林述前事，吴江同年忽下拜曰："坠楼人，我妻也。是夜，我他出，楼下一婢一妪⑧俱为灰烬，度⑨楼上亦不免。明踪迹得之，见狐裘灿然，疑有私，斥归母家。不意⑩年兄活其命，又全其节。"房师唧唧叹异，并命同年生亟归合破镜焉。林后官至侍郎，子孙累世登第。

　　一念无邪，登进士，官侍郎，世科甲⑪，神明与⑫之，房师异之，同年拜之，天下敬之，后世传之，荣孰甚焉！略一涉邪，不知若何堕落矣。此际必当猛省。

得
名
篇

【难点简注】

　　① 拥：围着。

　　② 尔：你。

　　③ 同年：同举进士为同年。

④ 房师:科举制度中,进士对荐举本人试卷的考官的尊称。

⑤ 诘:责问。

⑥ 贤契:老师对学生的敬称。契,意气相合。

⑦ 旋:不久,随即。

⑧ 妪:老年妇女。

⑨ 度:揣度,猜测。

⑩ 不意:没有想到。

⑪ 科甲:即科举。经科举考试录取者称为科甲出身。

⑫ 与:赞许。

【释古通今】

卷移案上

　　莆田有一个姓林的人北上参加科举考试,路过吴江的时候,把船停靠在一座高楼的下面。半夜时,楼里忽然起火,一个赤身裸体的少妇从楼上的窗子跳出来,落到姓林的船上。姓林的见少妇寒冷,就解下自己的狐裘,让她围着取暖,并且说:"你是一个少妇,而我是一个外地人,所以你不便在我的船上长时间停留。"姓林的把少妇拉到河对岸,送到偏僻的地方,随后驾船走了。姓林的这一次考中了进士,和一个吴江的同年,一起拜谒房师。房师询问姓林的说:"我最初看你的试卷时,把它扔在了一边,随即就梦见来到公堂,看到关夫子在你的卷面上有批语:'裸体少妇,被狐裘裹着,拿着蜡烛通宵达旦,只有你与我两个人。'我早上起来时,你的试卷已经在桌子上了。看来你一定积了什么大阴德,你一定要告诉我。"姓林的就说了上述发生的事,吴江的同年听了,忽然向他下跪叩拜,说:"从楼上跳下来的人,便是我的妻子。那天夜里，我出门在外，楼下的一个婢女和一个老太太都被烧得化成了灰烬，于是我猜测楼上的人也不免遭难。第二天，我依据线索发现了妻子，看见她身上穿的狐裘很漂亮，就怀疑妻子和别人有私情，将她赶回了娘家。没有想到是你救了我妻子的命，而且又保全了她的名节。"房师听了之后，感叹不已，暗暗称奇，让吴江的同年赶快回家和妻子重归于好。姓林的后来官做到侍郎，他的历代子孙也都考中了进士。

姓林的一次没有邪念，就考中进士，官做到侍郎，子孙后代也跟着都是科甲出身，神明赞扬他，房师对他刮目相看，同年考中的人向他叩拜，天下的人尊敬他，后世传颂他的美名，他得到的荣耀是多么高啊！如果他稍微有一点儿邪念，不知道他会落到什么下场。这种情况下，我们一定要好好地反省一下。

得
名
篇

妙笔点评　甫田林生善心待人，而且光明磊落，热心帮助妇人，绝无乘人之危的企图。故事借助关夫子的神奇批语，肯定了林生的义举。然而，倘若心存不仁之念，则难有好的结果。俗话说，失之毫厘，谬以千里。一念之差，往往会铸成大错。因此，为人处世不可不小心谨慎。

现成举人

【经典原录】

徽州程孝廉滨①溪而居，溪小桥窄，一女子探亲过之，坠溪中。程急遣人抉②救，衣履③尽湿，不能归，程命妻为之烘燎。日暮移宿馆中,令妻与同宿,旦日④送归。舅姑⑤闻之,曰:"媳非完女矣。"议解婚。孝廉力⑥白⑦其事,乃止。既嫁一年而夫亡,遗腹生一子,孀妇纺织教读,尝⑧流涕语之曰:"汝若成名,当报程孝廉先生之德。"其子弱冠⑨发解,丙辰试京师。卷已完,忽大哭,程适⑩与邻号,问之,少年曰:"文颇满志,就⑪灯检阅,不意焚落数行,成废卷矣。"程曰:"子既无用,盍⑫畀⑬诸人?"少年曰:"谨以奉公。"程即录入卷。榜发,果上第⑭。少年诣⑮问曰:"公岂尝⑯有阴德乎?天故以我文为公成名也。"程曰:"阴德则何敢?第忆二十年前,会⑰救一溺水女子,夫家致嫌,欲弃之,我力誓无他,得复谐合。惟此事少⑱可自慰耳。"少年涕泗⑲伏地曰:"先生即吾母恩人。"

【难点简注】

① 滨:靠近。

② 抉:挖出。

③ 履:鞋。

④ 旦日:第二天早上。

⑤ 舅姑:舅,丈夫的父亲。姑,丈夫的母亲。

⑥ 力:竭力。

⑦ 白:告诉。

⑧ 尝:曾经。

⑨ 弱冠:古代男子二十岁时,结发加冠,表示成人。弱冠即指二十岁。

⑩ 适:恰巧,适逢。

⑪ 就:接近,靠近。

⑫ 盍:何不。

⑬ 畀:给与。

⑭ 上第:前几名。第,科举考试的等级。

⑮ 诣:到。

⑯ 尝:曾经。

⑰ 会:适逢,恰巧碰上。

⑱ 少:同"稍",稍稍,稍微。

⑲ 涕泗:涕,眼泪。泗,鼻涕。

【释古通今】

现成举人

徽州程孝廉在小溪旁边居住,因为溪流很细,上面的桥又狭窄,一个女子在探亲的时候路过桥上,不小心掉到溪水里。程孝廉急忙派人搭救,女子被救上来后,衣服和鞋子全都湿了,无法回家。程孝廉便让妻子把女子的衣服、鞋子烤干。黄昏时,程孝廉请女子住到家里,让妻子和她住在一起,第二天早上才把女子送回家。女子的公公、婆婆听说这件事后,却说:"媳妇不是清白的人了。"随即商议让女子离婚。程孝廉竭力向两个老人说明事情的原委,他们才作罢。女子婚后一年,丈夫去世,生下一个遗腹子,她在寡居织布的同时,又教儿子读书,曾经流着眼泪对儿子说:"如果你将来能够成名,应当报答程孝廉先生的恩德。"她的儿子二十岁时,前往京师参加考试。他的试卷已经做完,却忽然大哭起来,正巧程孝廉坐在他的旁边参加考试,便问他是什么原因,少年回答道:"我的文章写得很满意,我拿到灯旁边仔细检查,没有想到竟然把试卷上的几行字烧掉了,所以,我的试卷现在成了没用的了。"程孝廉说:"既然你的试卷已经没用了,为什么不送给其

得名篇

他人呢?"少年说:"那就送给你吧。"于是,程孝廉把他的答案抄录到自己的试卷上。等到张榜公布时,程孝廉果然考了前几名。少年来问他说:"难道你曾经积过什么阴德吗? 所以,上天才用我的文章,让你成就功名。"程孝廉回答说:"我怎么敢说有什么阴德呢? 我回忆起二十年前,碰巧救了一个落水的女子,她丈夫的家里人怀疑她已经失去贞洁,想抛弃她,我替她辩白,家庭才得以和睦。只有这件事稍微可以聊以自慰罢了。"少年听了之后,涕泗横流,趴在地上说:"先生您就是我母亲的救命恩人。"

妙笔点评

程孝廉诚心救助落入水中的女子,并且帮助女子重新得到公婆的宽解,可以说恩德极大。故事就用极为离奇的考场巧遇,作为对他善举的回报。程孝廉终于得以考中,在带有巧合性的情节叙述中,告诫人们要虔诚向善,心地无私。

得名篇

血迹顿失

【经典原录】

滦河汪迈陶,明末诸生①也。赴岁试②,中途为流寇所获,以其文士,命司③簿籍,汪佯④应之。寻⑤俘一女子至,颇娟⑥好,强汪纳为室。询之,乃滦河某村民女也,遂分床寝。一夕,乘诸贼醉卧,为女子易衣冠,携之潜遁。抵某村访其居止,叩门而入。其母自失女后,日夜泣,见女惊喜,问汪姓名,不告而去。后应顺治戊子乡试,卷面忽鼻衄⑦,时已晚,不及易,裹具欲出。一叟立簾⑧前曰:"三战辛勤,何自弃也?"汪告以故,叟曰:"易易耳。"举袖拂之,血迹顿失。汪惊询所自,叟曰:"予某村女父也,承君谊,聊效结草⑨之报耳。"言讫⑩而灭。是科领乡荐⑪。江南某中丞闻其名,延⑫入幕府,颇蒙⑬信任。适⑭谳⑮重案,犯家啖⑯汪三千金,求为援,汪毅然曰:"吾有子方期远大,肯以粪土物,刈吾兰桂乎?"卒⑰却⑱之。后其子成进士,累世书香弗替⑲也。

【难点简注】

① 诸生:明清时称已经入学的生员。

② 岁试:清代各省学政巡回所属举行的考试。

③ 司:掌管。

④ 佯:假装。

⑤ 寻:不久,旋即。

⑥ 娟:美好。

⑦ 鼻衄:鼻子流血。

⑧ 簷:"檐"的异体字。

⑨ 结草:意谓受恩深重,虽死也要报答。

⑩ 讫:完毕,终了。

⑪ 领乡荐:由州县地方官推荐到京城参加礼部的考试,叫"乡荐"。后来,称乡试中式为"领乡荐"。

⑫ 延:邀请。

⑬ 蒙:承,承蒙。

⑭ 适:碰巧。

⑮ 谳:审判定罪。

⑯ 啖:引诱,利诱。

⑰ 卒:最终。

⑱ 却:推辞,拒绝。

⑲ 替:废弃。

【释古通今】

血迹顿失

滦河汪迈陶,是明朝末年的生员。有一年,他去参加岁试,不料半路上被流寇抓获,因为他是读书人,流寇就让他掌管文书,汪迈陶假装答应了。不久,流寇抓来一个女子,长得有几分姿色,流寇强迫汪迈陶娶她为妻。汪迈陶问女子的来历,才知道她是滦河一个村子里的女子,随即汪迈陶和女子分床而睡。有一天晚上,汪迈陶趁贼人们喝醉熟睡的机会,帮助女子换了衣服和帽子,带着她偷偷地跑了。汪迈陶来到女子住的村子里,探知女子的住处后,便敲门来到女子的家里。女子的母亲自从丢了女儿后,日夜哭泣,这时候看见女儿突然回来,十分惊喜,问汪迈陶的姓名,他没有说自己的姓名就走了。后来,汪迈陶参加顺治戊子那一年的乡试,卷面上忽然滴上几滴鼻血,当时离考试结束的时间已经不多了,来不及更换试卷,他很失望,就准备拿着东西离开考场。正在这时,忽然一个老头站在他的考场门前,对他说:"你的三场考试很辛苦,为什么要弃考呢?"汪迈陶告诉老头原因,老头说:"换试卷容易。"举起袖子一擦,试卷上的血迹立即消失了。汪迈陶惊讶地问老头从哪里来,老头回答道:"我是某个村的女子的父亲,承蒙你的搭救之恩,我现在只是报答你当初的结草之恩罢了。"老头话一说完,就消失了。汪迈陶在这一次考试中,乡试中了。江南有一个中丞听说了他的名气,便把他请到自己的幕府里,比较信任他。有一次,汪迈陶审理一件重案,犯人的家人送给他三千两银子,请求汪迈陶网开一面,法外开恩,他却坚决地说:"我有儿子,期望他将来有好的前途,我怎么愿意用这些像粪土一样的银子,来迷惑我的像兰桂一样有着高洁品性的儿子呢?"最终拒绝收下礼物。后来,汪迈陶的儿子考中进士,历代子孙也都是读书人出身。

妙笔点评

危难之时，能够急他人之急，设身处地地为他人着想，这种品德难能可贵，是非常令人敬佩的。汪迈陶不仅救出了女子，也救了自己，女子的父亲离奇现身考场，便是在紧急时刻前来报恩，从而救助了他。可见，解救别人，也会得到别人的帮助。奉献出自己的一片爱心，也才会受到大家的尊重和拥戴。

拮据入场

【经典原录】

清杨雪椒，嘉庆甲子登乡荐①。至庚辰，始成进士。是年，以公车过苏州，因乏川资②，枉③道至乍浦因④乡谊，集得洋银五十元。还苏，小住旅店，见邻有卖女者，哭甚哀，一念不忍，出洋银二十八元，赎而完之。有同乡怜其贫，复凑集十余金，遂孑然⑤抵都，拮据入场，竟得中式，观政刑部，为大司寇陈望坡先生所赏识。不数年，以郎中出为监司，旋⑥陈⑦枭⑧湘中，开藩⑨历下，复入为光禄卿。

得
名
篇

【难点简注】

① 乡荐：由州县地方官推荐到京城参加礼部的考试。

② 川资：旅费。

③ 枉：屈就。

④ 因：依靠，凭借。

⑤ 孑然：孤独的样子。

⑥ 旋：随即，不久。

⑦ 陈：宣扬。

⑧ 枲:法度。

⑨ 藩:属地。

【释古通今】

拮据入场

清代有一个叫杨雪椒的人,在嘉庆甲子那一年被地方官推荐到京城参加礼部的考试。庚辰那一年,他才考中进士。这一年,杨雪椒坐着公车经过苏州,因为缺少旅费,便拐道到乍浦投靠老朋友,筹集了洋银五十元。随后,杨雪椒回到苏州,住在旅店里,正巧碰到旁边有人要卖女儿,哭得十分伤心,他不忍心,便拿出洋银二十八元,给邻居的女儿赎了身。有同乡的人可怜杨雪椒经济拮据,就又为他筹集十几两银子,杨雪椒最终一个人到达京城,竟是囊中羞涩地进入了考场,没有想到金榜题名,在刑部任职,并且受到大司寇陈望坡先生的赏识。没过几年,杨雪椒以郎中出任监司,不久在湘中做官,有了自己的封地,又入朝做了光禄卿。

得名篇

妙笔点评

乐于助人是高尚的品德,而在自己困难之时,仍然能够慷慨解囊,帮助别人,尤其可贵。杨雪椒为了一个素不相识之人,不顾自己经济拮据,毅然出钱相助,可谓雪中送炭,德莫大焉。最终,他不断荣升高位,实际上也是对他的美德的肯定和褒扬。做官,也是在考验人的品格。

仓皇投卷

【经典原录】

吉水罗伦笃①志潜修,家贫甚②。太守嘱属吏周③之,谢④不受。

三十举于乡,赴礼闱。仆于旅舍拾一金钏,匿⑤之。行数日,公患⑥赀⑦缺,仆因出钏告以故⑧。公大惊,欲亲⑨送还,仆曰:"恐误试期。"公曰:"此必婢妪遗失,万一拷逼致死,是谁之咎⑩?宁⑪不及⑫试,毋使人死于非命也。"返至其家,主母方⑬笞婢,夫又诟⑭其妻,妻愤欲投缳,婢亦欲自尽,家如羹沸。公出钏还之,即刻起行,观者咸⑮称为状元。至京已二月四日,仓皇投卷,遂魁⑯天下。

【难点简注】

① 笃:坚定。

② 甚:副词,很,非常。

③ 周:周济,照顾。

④ 谢:推辞。

⑤ 匿:藏,隐藏。

⑥ 患:忧虑。

⑦ 赀:钱财。

⑧ 故:缘故,原因。

⑨ 亲:亲自。

⑩ 咎:过错,过失。

⑪ 宁:宁愿,宁肯。

⑫ 及:赶上。

⑬ 方:将要。

⑭ 诟:骂。

⑮ 咸:全部,都。

⑯ 魁:科举考试中第一。

得名篇

【释古通今】

仓皇投卷

吉水罗伦坚持潜心修行,家里非常贫穷。太守嘱咐下属的官吏接济罗伦,他拒绝了。罗伦三十岁的时候,受到地方官的推荐,到京城参加礼部的考试。罗伦的仆人在旅舍拾到一个金钏,并且把它藏了起来。走了几天后,罗伦为钱财不够用而发愁,仆人便拿出金钏,并告诉他来龙去脉。罗伦听了,大吃一惊,想亲自回去送给主人,仆人却说:"这样做恐怕会耽误了考试的日期。"罗伦说:"这个金钏一定是婢女或者老太太丢失的东西,万一她们被拷打致死,到底是谁的过错?我宁肯赶不上参加考试,也不能让人死于非命。"于是,他立即返回旅舍,正巧主人的母亲将要鞭打婢女,丈夫又骂妻子,妻子气愤之下想上吊自尽,婢女也想自尽,家里就像沸腾的羹汤一样乱成了一团。看到这种情况,罗伦赶紧拿出金钏还给主人,随即离开,急忙赶往京城,围观的人都称他为状元。等到他到达京城的时候,已经是二月四日,他匆匆进入考场,仓促之间交上试卷,竟考了天下第一名。

✿✿✿✿✿✿✿✿✿✿✿✿✿✿✿✿✿✿✿✿✿✿✿✿

妙笔点评

在金钱面前,最能够考验人的意志。罗伦尽管急需用钱,却不愿意贪图意外之财,宁肯将考试置于脑后,也要送还金钏。这种拾金不昧,急他人之所急的品德,值得我们学习。故事讲述他虽然仓促交卷,然而终得天下夺魁,也就是意味着对他的美德的再次肯定和赞扬。

得名篇

便宜功名

【经典原录】

　　顺治丁酉，科场之役[①]，天下震慴[②]。忽金陵一老僧，倡言于市曰："我有买举人[③]门路，极便宜，极稳当，又不怕败露，孰[④]从我买？"或疑其痴[⑤]，姑[⑥]讯之，僧曰："买举人常价须三千两，我只要三百两，又不消一时兑出，岂不便宜？保人得力，百不失一，岂不稳当？天做卖主，朝廷亦管不得，那怕败露？"问其何说，曰："三千功求举人，袁了凡之定价也。布施钱百文银一钱为一功，莲池大师功过格[⑦]之定法也。举成数而言，三千功当用三百两。还有不费钱之善事，亦有所费锱铢[⑧]而功德无量者，名为三百金，其实不消数十两，便可功行圆满，此便宜之说也。人若有愿，天必从之，精诚所至，金石为开，何况场屋[⑨]神灵活现，岂有积德求名，而终身不遇者乎？此稳当之说也。行贿关节，全要秘密，一人知之，其机便泄。而积功行善，则惟恐人之不知，天之不知，朝廷之不知也，此不怕败露之说也。"问何人作保，曰："必是也。善心不坚，则保人不得力，虽价钱如数，天亦未肯即卖。若念头果决，虽止[⑩]半价，天亦将赊与之矣。"由是观之，求登科第，本非难事，况有放生捷法，事半功倍，人人可行，即人人可以得第，特[⑪]患人善念不坚，功行难满耳。心诚求之，则张、陶二公，所费不过数金，而乡榜同登矣。徐公用三十金，不特举人改为进士，县尹且转为方伯矣。其机至捷，其效如神。欲登云路[⑫]者，盍[⑬]取法[⑭]焉？

【难点简注】

① 役:事。

② 慴:"慑"的异体字。

③ 举人:明清时,为乡试考中者的专称,作为一种出身资格。

④ 孰:疑问代词,谁。

⑤ 痴:傻。

⑥ 姑:姑且,暂且。

⑦ 功过格:旧时崇奉封建礼教或儒家戒律的人,将自己所做的事分别善恶逐日登记,以考验功过,称为"功过格"。

⑧ 锱铢:比喻极微小的数量。

⑨ 场屋:特指科举考试时考试士子的地方,也称科场。

⑩ 止:只,仅仅。

⑪ 特:只。

⑫ 云路:犹言青云之路,比喻仕途。

⑬ 盍:何不。

⑭ 取法:效法,仿效。

【释古通今】

便宜功名

顺治丁酉那一年,发生了科场舞弊案,天下所有的人都为之震惊不已。忽然,金陵有一个老和尚,在集市上宣传说:"我有买举人的门路,极其便宜,极其稳当,而且又不怕事情败露,谁愿意来买?"有的人怀疑和尚傻,便尝试着问他,他说:"买一个举人按照一般的价钱,需要三千两银子,我只要三百两银子,而且不需要立即交钱,难道不够便宜吗?保荐举人很得力,保证百分之百能够成功,难道不够稳当吗?上天做卖主,朝廷也管不了,还怕事情败露吗?"问他为什么这么说,和尚解释道:"拿三千个功德来求一个举人的名位,这是袁了凡的定价。向人布施百文钱、一钱银子算作一个功德,这是莲池大师的功过格的规定。那么,三千个功德应当需要三百两银子。还有不需要花钱的好事,也有花费极少的钱就可以功德无量的,说起来需要三百两银子,其实不过花费几十两而已,就可以功德圆满,这就是所谓的便宜的说法。如果人有愿望,上天必定让他如愿,有所谓精诚所至,金石为开,何况考场上瞬息万变,哪里有积累阴德,求取功名,而终身不能够如愿以偿地呢? 这就是稳当的说法。贿赂别人,全部要做得机密,一旦有一个人知道了情况,事情便泄露了。然而,积累功德,多做善事,却是惟恐别人不知道,上天不知道,朝廷不知道,这就是不怕败露的说法。"问什么人可以担保,和尚接着说:"这一点保证没有问题。如果不能坚持做善事,担保的人就会不得力,即使交的钱有那么多,上天也未必愿意卖个举人的名位给你。如果你的意志坚定,即使只交了一半的钱,上天也会提前把举人的名位给你。"从和尚的话来看,求取功名本来不是什么困难的事,何况还有获得功名的捷径,往往事半功倍,每个人都可以做到,也就是每个人都可以考中,只不过害怕人的善心不够坚定,功德难以圆满而已。如果诚心地求取功名,那么姓张的、姓陶的两个人,所花费的钱也不过有几两银子,却能够同时金榜题名。姓徐的人用了三十两银子,不仅从举人改为进士,而且也由县令晋升为一个地方的长官了。这其中的机缘极其快捷,它的效果十分神奇。凡是想要登上仕途的人,为什么不赶紧效法呢?

得名篇

妙笔点评

老和尚以看似颇为骇俗的举动,却道出了启人深思的问题。功名本来就在平时的一举一动中,就从自己的心中来。故事借助老和尚之口,宣传了一心向善,贵在持之以恒的教化思想。意图求取功名的人应当如此,为人的道理也是这样。

放生^①提早一科

【经典原录】

> 会稽陶石篑与友张芝亭俱^②慈心爱物。一日,同过大善寺,见鳝鱼数万,陶谓张曰:"我欲买放,奈力弱,兄盍^③倡募成之?"张即先出银一两,众凑成八两,买而绕城放之。至秋,陶梦神云:"汝未该中,缘^④汝放生功大,得早一科。"放榜^⑤果中,张亦中。

【难点简注】

① 放生:释放鱼鸟等动物。后来信佛的人把放生看作是一种善举。

② 俱:都。

③ 盍:何不。

④ 缘:因为。

⑤ 放榜:发榜。科举时公布考试录取者的名单。

【释古通今】

放生提早一科

会稽陶石篑与朋友张芝亭都是仁慈心肠,怜爱动物。有一天,他们一起经过大善寺,看见几万条鳝鱼被养在寺院里,陶石篑对张芝亭说:"我想把这些鳝鱼买来放走,无奈我一个人的力量薄弱,兄长你何不提出倡议募捐,做成这件事呢?"张芝亭听了之后,随即先拿出一两银子,众人也跟着纷纷解囊,一共凑成八两银子,于是把鳝鱼买来,然后绕着城墙,把它们放生了。到了秋天,陶石篑梦见神仙对他说:"你本来这一次不该考中,

得名篇

但是因为你释放动物的功劳大，所以你能够提前一科录取。"等到录取名单公布时，陶石篑果然被录取，张芝亭也考中了。

✽✽✽✽✽✽✽✽✽✽✽✽✽✽✽✽✽✽✽✽✽✽✽✽✽✽✽

妙笔点评　陶石篑与张芝亭能够关爱动物的生命，值得我们深思。万物皆有灵，如今，生态环境保护已经越来越成为人们着力思考的问题。在现代化文明程度日益加深的今天，在加快建设步伐的同时，尤其应该注意给予自然界其他生物更多的关注和保护。我们每一个人，都应当从我做起，珍惜宝贵的资源，自觉爱护大自然，为环境保护做出自己的贡献。

连中三元①

【经典原录】

青州王曾赴试京师，路遇母女二人，哭甚②哀，问之曰："少官钱四万，止③有此女，将卖之以偿。旦夕分离，所以悲耳。"王谓其母曰："盍④卖与我？"以白金如数与⑤之，令其偿官，约以三日娶女。逾⑥期不至，其母访至王所，已行三日矣，留书⑦一封，令其择配。后连中三元。

【难点简注】

① 三元：科举考试称乡试、会试、殿试的第一名为解元、会元、状元，合称"三元"。

② 甚：副词，很，非常。

③ 止：只，仅仅。

④ 盍：何不。

⑤ 与：给，给予。

⑥ 逾：过，超过。

⑦ 书：书信。

【释古通今】

连中三元

得 名 篇

青州王曾要到京城去赶考，在路上碰到母女两个人，哭得很悲伤，便询问原因，做母亲的说："我们欠官府的钱还差四万两银子，我只有这么一个女儿，准备把她卖掉，用来偿还债务。因为我们母女即将分离，所以心里很悲痛。"王曾对做母亲的说："你何不把女儿卖给我？"王曾随即掏出四万两银子给了她，让她拿去偿还官府的债务，并且约好三天之后前来迎娶她的女儿。然而，过了三天仍然不见王曾来迎娶，做母亲的就打听他的住处，赶来找他，才知道他已经走了三天了，走之前还留下一封书信，让她为女儿另选丈夫。后来，王曾接连考中解元、会元、状元。

王曾路遇素不相识的母女,能够热心相助,而且不求回报,所作所为令人肃然起敬。故事又以他连续三次金榜题名,表达了行善必得善报的观点。所谓四海之内皆兄弟,一方有难,理应八方支援。社会需要每个人献出爱心,在今天看来,王曾的慷慨义举仍然值得我们珍视和学习。

随处方便

【经典原录】

得名篇

某生赴京兆试,梦其父曰:"冥司命我巡视科场矣。"子问己功名,父曰:"终身秀才①。"子泣拜求之,父曰:"汝能效②镇江太守葛繁为人,便可夺命。此外无法也。"是③科果不第④。乃谒⑤葛,师请之,问何阴德见重⑥幽冥,葛曰:"余生平喜行方便利人事,日必四五条。今四十余年,未尝怠⑦。"生问如何利人,葛指坐间踏子曰:"即如此物,置之不正,便蹴⑧人足,予为正之。若人饥,与⑨食;渴,与饮;言语听作,有可利于人者,随时随处皆可为也。"生拜受,教力行。数年,联捷登第。

【难点简注】

① 秀才:泛指一般读书人。

② 效:仿效。

③ 是:此,这。

④ 第:科举考试的等级。

⑤ 谒:拜谒,拜见。

⑥ 重:重视,敬重。

⑦ 怠:懈怠。

⑧ 蹴:踢。

⑨ 与:给,给予。

【释古通今】

随处方便

　　有一个考生到京城参加考试,梦见他的父亲对他说:"冥司派我来巡视考场。"这位考生问自己的功名,父亲回答说:"你终生都只能做秀才。"考生哭着磕头,求父亲帮助,父亲说:"如果你能仿效镇江太守葛繁的为人,便可以改变这种命运。除此以外,没有什么办法。"这一次考试,他果然没有考中。这个考生随即去拜见葛繁,以对待老师的礼节向他请教,询问葛繁有什么阴德而受到阴间的重视,葛繁说:"我平生喜欢做方便他人,利于他人的事,每天必定要做四五件好事。到现在,我坚持做好事已经有四十多年了,中间从来没有停止过。"考生又接着问怎样去做有利于别人的事,葛繁指着座位旁边的小凳子,说:"以这个小凳子为例,如果它放的位置不正,便会碰到人的脚,我就会把它放正。如果有人饿了,我就会给他饭吃;如果有人渴了,我就会给他水喝;凡是听到的、看到的,只要是有利于别人的事,随时随地都可以去做。"考生拜谢葛繁的教诲,随后身体力行,按照他所教导的那样去做。几年之后,考生接连考中。

※※※※※※※※※※※※※※※※※※※※※※※※※※※※※※

　　能够做好事,诚然可贵,而能够一直坚持去做好事,就十分难得了。葛繁的一番教诲不正可以给我们一些启发吗?而且,做好事不在于去做什么惊天动地的大事,只要时时处处留心,便可以发现小事也能见出美德来。所以,我们就该从自我做起,从现在做起,从点点滴滴做起,做新时代的文明人。

崇义可风

【经典原录】

桐邑生陆日新正贡乃沈惟藩也,因跌损,县学送陪贡陆生就试。沈自揣①狼狈,语②陆曰:"我当让君。"言讫③泪下。陆恻然④曰:"兄病尚可瘳⑤,何遽⑥让我?"值⑦洪宗师考,陆扶沈至案前禀曰:"沈某昨偶跌损,正在调治,幸⑧宽试期。"学院赞美,从其所请,沈得贡选学训。后陆亦贡出仕。寿八十余,子懋元登乙丑进士。

得 名 篇

【难点简注】

① 揣:估量,猜测。

② 语:告诉。

③ 讫:完毕,终了。

④ 恻然:悲痛的样子。

⑤ 瘳:病好了。

⑥ 遽:急忙。

⑦ 值:适逢。

⑧ 幸:敬词。表示对方这样做是使自己感到幸运的。

【释古通今】

崇义可风

桐邑有一个书生叫陆日新,本来地方官是准备推荐沈惟藩去参加科举考试的,但是,因为沈惟藩跌倒伤了身体,所以县里的官吏让陆日新代替沈惟藩去参加考试。沈惟藩觉得自己的状态不好,对陆日新说:"我应当把机会让给你。"说完就哭了。陆日新看了不忍心,安慰他说:"兄长的病还可以痊愈,为什么急着要把机会让给我呢?"适逢洪宗师主考,陆日新扶着沈惟藩来到桌子前面,禀告说:"沈惟藩昨天不幸偶然跌倒,伤了身体,现在正在治疗,希望考官能够宽延考试的日期。"学院赞赏陆日新的美德,就接受了他的请求,沈惟藩最终被选为学训。后来,陆日新也考上了贡生,出仕为官,总共活了八十多岁,他的儿子陆懋元在乙丑那一年也考中了进士。

妙笔点评

在有机会改变自己命运的科举考试面前,能够关心他人,为他人着想,的确难能可贵。陆日新毅然放弃了难得的考试机会,主动替沈惟藩争取到了时间,而他自己最终也得以金榜题名,儿子也科场顺利。故事就以这样的善报结局,表达出劝人行善的美意。它表明功名固然难得,相互之间的关心和帮助才是最值得珍视的。

众去独留

【经典原录】

江文辉为诸生[1]，就试。友人冯旋堕[2]水死，同伴以试迫[3]散去，江独留，殡[4]之，乃[5]去。及[6]至，试事已毕，人皆以为迂，江自若[7]也。来[8]科联捷南宫[9]。

【难点简注】

① 诸生：明清时称已经入学的生员。

② 堕：落，掉下来。

③ 迫：近，临近。

④ 殡：停放灵柩。

⑤ 乃：才，这才。

⑥ 及：等到。

⑦ 自若：像自己原来的样子，不变常态。

⑧ 来：将来，未来。

⑨ 南宫：即尚书省。

【释古通今】

众去独留

江文辉是已经入学的生员，准备去参加考试。他的朋友冯旋不小心掉到水里淹死了，同伴们因为考试的时间临近，都走了，唯独江文辉留下来,把冯旋的灵柩停放完毕,然后才离开。等到江文辉赶到考场时,考试已经结束,大家都认为他迂腐,而江文辉从容镇定,神态自若。下一次考试的时候,江文辉接连顺利考中。

❀ ❀

妙笔点评

　　危急时刻,仍然能够做到有情有义,不离不弃,令人肃然起敬,江文辉就是这样的人。众人和他相比,则相形见绌,而犹然讥笑他,可见他的做法多么可贵。与人交朋友理当诚实守信,讲究仁义,不以外物为转移,才是可以信赖和值得结交的人。

得名篇

不谈人短

【经典原录】

　　程皓性周慎,生平不谈人短。每于朋辈中,见有讥弹①人者,辄②徐③辩曰:"恐告者过耳。"更④说其人美事以实之。后联登甲第⑤,官刑部郎中。

【难点简注】

① 弹:批评,抨击。

② 辄:总是,常常。

③ 徐:慢慢地。

④ 更:另外。

⑤ 甲第:科举等第名,犹言第一名。

【释古通今】

不谈人短

程皓为人周到谨慎，一生不喜欢谈论别人的短处。每次和朋友在一起的时候，如果听到有人在批评别人，他总是慢慢地加以辩解说："恐怕批评别人的人是不对的。"而且，程皓会另外补充一些受到批评的人的好事。后来，程皓接连考了第一名，官做到刑部郎中。

妙笔点评

人非圣贤，孰能无过？为人应当多一点仁恕之心，多一点宽厚。俗话说，闲谈莫论他人非。何况，尺有所短，寸有所长。孔子就曾经告诫说："见不贤而内自省也。"因此，他人的过失，完全可以作为自己的借鉴，并且用来警策自己。倘若议论或传扬别人的过错，则是不对的。

小善必扬①

【经典原录】

赵籍与人交，见人有小善，必表扬之，又劝以某事亦善，可勉为，某事似善而实恶，不可为。于扬善中劝善，于劝善中阻恶，终身行之不倦②。后享上寿，二子俱③成进士。

【难点简注】

① 扬:表扬,宣扬。
② 倦:厌倦,不耐烦。
③ 俱:都。

【释古通今】

小善必扬

　　赵籍和人交往的时候,看见有人做了小小的好事,他必会加以表扬,而且,又劝人说某件事也很好,可以勉励自己去做,某件事看起来是好的而实际上并不好,不可以去做。赵籍在宣扬好事的同时,又劝人向善,在劝人向善的同时,也阻止了人去做坏事,他一辈子都在坚持着这样做,一点儿也不感到厌烦。后来,赵籍以长寿终老,他的两个儿子也都考中了进士。

✽✽✽✽✽✽✽✽✽✽✽✽✽✽✽✽✽✽✽✽✽✽✽✽✽✽✽✽✽✽✽✽

　　这则故事告诉我们,涓涓细流也会聚集成大河,应该重视从小事做起。刘备在遗嘱中,就曾经告诫后主刘禅说:"勿以善小而不为,勿以恶小而为之。"父母教育自己的子女时,就应当像赵籍那样,劝善扬恶,不能因为孩子的一个小小的过错或者善举,而轻易地放过实施教育的良好机会,要注重从小事上来逐渐培养子女的美德和独立生活能力。

常存仁恕

【经典原录】

　　杨旬为夔州推司,奉公四十年,家无赀①产。有子入试,梦神告曰:"汝②父阴德有感,汝将贵,须改名椿。"果中第六。会试③前,又梦神预告以题,中九十六名,殿试④夺天下魁⑤。既⑥荣归,旬示以三囊。开看第一囊,有三十九文当三钱,第二有四千余文折二钱,第三则万余小钱。椿问其何用⑦,旬曰:"我数十年来,详谳⑧罪囚,有从死罪减为流徒⑨者,即投一当三钱。有从流徒减为杖徒者,投一折二钱。有从杖徒而改为释放者,投一小钱。今汝侥幸,皆食⑩此之报也。为官日宜⑪体⑫此意,常存仁恕。"椿拜受教,居显秩⑬有声⑭。

得名篇

【难点简注】

① 赀:同"资",钱财。

② 汝:你,你的。

③ 会试:每三年一次在京城举行的考试。各省的举人都可以参加应考。

④ 殿试:科举制度中,皇帝对会试取录的贡士在殿廷上亲发策问的考试,也叫廷试。

⑤ 魁:第一。

⑥ 既:已经。

⑦ 用:用处,作用。

⑧ 谳:审判定罪。

⑨ 徒：被罚服劳役的人。

⑩ 食：吃，这里是享受的意思。

⑪ 宜：应该。

⑫ 体：体会，体悟。

⑬ 秩：官吏的品级第次。

⑭ 声：声望，名声。

【释古通今】

常存仁恕

　　杨旬担任夔州推司，恪尽职守已经有四十年，而家里仍然没有钱财。他的一个儿子参加科举考试，梦见神仙对他说："因为你的父亲积有阴德，感动了上天，你将会获得富贵，但是你必须改名叫杨椿。"他果然考中了，位居第六名。等到杨椿参加会试之前，又梦见神仙告诉他考题，又考了第九十六名，终于在殿试的时候考了第一。杨椿光荣地回家后，父亲杨旬拿出三个锦囊给他看。杨椿打开第一个锦囊，发现里面有三十九文钱，算作三文钱，第二个锦囊里面有四千多文钱，折合二文钱，第三个锦囊里面有一万多文小钱。杨椿问父亲这些锦囊有什么用处，杨旬回答说："几十年来，我详细地审判罪犯，如果他们中间有从死罪减刑为流徒的，我就投到锦囊里一文钱，算作是三文钱。如果有从流徒减刑为杖徒的，我就投到锦囊里一文钱，折合二文钱。如果有从杖徒而改为释放的，我就投到锦囊里一文小钱。如今，你侥幸考中，就是因为受到这些阴德的回报的缘故。你做官期间应该好好体会其中的内涵，心里要时刻怀有仁爱宽恕之心。"杨椿拜谢父亲的教诲，后来官位做得很高，而且很有声望。

杨旬别出心裁的锦囊，其中寄予了深刻的内涵。它告诉我们为人应当宽仁大度，对那些饱受苦难的人尤其应当如此。孔子说："仁者爱人。"关注他人，付诸同情之心，整个社会就会因为爱心而变得更加温馨和谐。

天理难欺

【经典原录】

　　嘉庆己未，鼎元①姚秋农学使名文田，浙江归安人也。己未岁，元旦有人梦至②一官府，闻喧阗③之声，曰："状元榜出矣。"朱门洞④开，两绯⑤衣吏擎⑥二黄旗出，旗尾各缀四字，曰："人心易昧，天理难欺。"醒而不知其为谁也。及胪⑦唱姚公第一，人有以此梦告之者，公思之良久⑧，瞿然⑨曰："此先世高祖某公语也。公宪⑩皖江时，狱有二囚，为怨家所诬陷，死罪，公按⑪其事，无左验⑫，将出⑬之。怨家献二千金于公，请必置之死。公曰：'人心易昧，天理难欺。得金而枉杀人，天不容也。'屏⑭不受，卒⑮出二囚于狱。旗尾所书，得无是⑯钦⑰？"夫公庭片语，天听⑱式凭，百年后，卒使其云礽⑲大魁天下。司⑳民命者，可以兴㉑矣。

得

名

篇

【难点简注】

　　① 鼎元：科举制度中状元的别称。

　　② 至：到。

　　③ 阗：喧闹。

　　④ 洞：敞开。

⑤ 绯:粉红色。

⑥ 擎:举。

⑦ 胪:传达。

⑧ 良久:很久,很长时间。

⑨ 瞿然:惊动的样子。

⑩ 宪:旧时指朝廷委驻各行省的高级官吏。

⑪ 按:考察。

⑫ 左验:估证,证人。

⑬ 出:放出,释放。

⑭ 屏:除去,弃。

⑮ 卒:终于,最终。

⑯ 无是:不是。

⑰ 欤:句末语气词,表示疑问或感叹。

⑱ 天听:古人认为上天是有意志的,像人一样可以听到人间的谈话。所以,叫"天听"。

⑲ 云礽:云,比喻多。礽,通"仍",沿袭,犹言子孙后代。

⑳ 司:主管,主宰。

㉑ 兴:感兴,受到启发。

【释古通今】

天理难欺

清代嘉庆己未那一年,状元姚秋农学使名叫文田,是浙江归安人。己未这一年的元旦,有人梦见自己到了一个官府,听到喧闹声,说:"状元的名单已经公布了。"只见红色的大门敞开了,两个穿着粉红色衣服的官吏举着两面黄旗走出来,旗帜的末尾各写了四个字:"人心易昧,天理难欺。"这个人醒来,并不明白说的状元是指谁。等到公布录取名单时,是姚秋农考了第一,这个人便把自己梦见的情况告诉了姚秋农,姚秋农想了很长时间,忽然惊讶地说:"我想起来了,原来这是我的高祖说过的话。我的高祖在皖江做官时,监狱里关押着两个囚犯,他们都是被仇家所诬陷的,判了死刑,我的高祖调查这件案子时,发现并没有证人可以作证,便准备释放这两个囚犯。不料他们的仇家给我的高祖送了两千两银子,请求务必处死这两个囚犯。我的高祖却说:'人心易昧,天理难欺。得到银子却去残杀无辜的人,上天是不能容忍的。'拒绝仇家送来的银子,最终释放了这两个囚犯。旗帜的末尾写的那几个字,难道不是我的高祖所写的吗?"在公堂上说的只言片语,上天知道了就会作为一个积德的凭据,等到他去世之后,最终会让他的众多子孙后代都考中状元。掌管天下人民的官员们,可以从这件事中受到一些启发。

✱✱✱✱✱✱✱✱✱✱✱✱✱✱✱✱✱✱✱✱✱✱✱✱✱✱✱✱✱✱✱✱✱✱✱✱✱✱✱

妙笔点评

人的生命是十分宝贵的,倘若收受别人的贿赂,草菅人命,就会天理难容。这则故事说明了为人处世理当自觉遵守道德规范,提高自身素养,严于律己,善待他人。

谦光① 可挹②

【经典原录】

袁了凡曰:"每见文人将达③,必有一段④谦光可挹。辛未计⑤偕⑥,同袍⑦十人,惟⑧丁敬宇最少,极其谦恭。予谓费锦坡曰:'此兄必第⑨。'费问故⑩,余曰:'惟谦受福。今十人中,有恂恂⑪不敢先人,如敬宇者乎? 有小心敬畏,受侮不答,如敬宇者乎? 人能如此,天地鬼神方^⑫将佑之,岂有不发?'果中式。丁丑在京,见冯开之虚己敛容,大变少年之习,其直友^⑬李霁岩面攻其非^⑭,未尝以一言相报。予告之曰:'福有福基,兄如是。今科决^⑮第矣。'已而^⑯果然。壬辰入都,见夏建所谦光逼人,归告友人曰:'凡天将发^⑰其人也,未发其福,先发其慧。此慧一^⑱发,则浮者以实,肆者以敛。建所温良^⑲若此,天启^⑳之也。'及榜发,果捷^㉑。"

【难点简注】

① 谦光:谦退或谦退的风度。

② 挹:谦退,抑制。

③ 达:得意,显贵。

④ 叚:"假"的异体字。

⑤ 计:谋划。

⑥ 偕:共同,一块儿。

⑦ 同袍:指极有交情或关系密切的人。

⑧ 惟:只,只有。

⑨ 第:科举考试的品级名次。

⑩ 故:原因。

⑪ 恂恂:恭敬谨慎的样子。

⑫ 方:将要。

⑬ 直友:直言敢谏的诤友。

⑭ 非:过失,过错。

⑮ 决:一定。

⑯ 已而:旋即,不久。

⑰ 发:奋起。

⑱ 一:一旦。

得
名
篇

⑲ 温良:温和善良。

⑳ 启:开启。这里是帮助的意思。

㉑ 捷:顺利,成功。

【释古通今】

谦光可挹

　　袁了凡说:"我常常看见文人即将显达的时候,他必定会表现出谦退的风度。辛未那一年,我们商量一起做事,其中关系密切的有十个人,只有丁敬宇最年轻,为人极其谦虚恭敬。我对费锦坡说:'丁敬宇一定会考中。'费锦坡问原因,我回答说:'因为只有谦虚,才能得到福气。现在的十个人中,有恭敬谨慎,不敢居于他人之上的,能像丁敬宇那样吗? 有小心敬畏,受到欺侮也不回击的,能像丁敬宇那样吗? 如果一个人能做到这样,天地鬼神将会保佑他,哪里有不发迹的道理呢?'后来,丁敬宇果然就考中了。丁丑那一年在京城的时候,我看见冯开之谦虚谨慎,已经收敛了很多,大大地改变了少年时代的恶习,他的好朋友李霁岩当面批评他的不是,他也从来不说一句话回击李霁岩。我告诉冯开之说:'福气自有福气的基础,像兄长你这样的就是。这一次科举考试你一定会榜上有名。'不久,冯开之果然金榜题名。壬辰那一年,我到都城时,看见夏建所为人非常谦逊,回来后我告诉朋友说:'凡是上天准备辅助的人,还没有送福给他,先开发他的智慧。他的智慧一旦被开发,就会使轻浮的人变得务实,放肆的人也收敛了许多。夏建所这么温和善良,说明上天即将要辅助他,让他顺利考中。'等到录取名单公布时,夏建所果然被录取了。"

❀❀❀❀❀❀❀❀❀❀❀❀❀❀❀❀❀❀❀❀❀❀❀❀❀❀❀❀❀❀❀

　　袁了凡的一番话,值得人们深深思考。虽然他所列举的例子里,带有明显的说教和神秘色彩,但是,其中蕴藏的内涵不无道理。谦虚使人进步,骄傲使人落后。要善于向

得名篇

他人学习,汲取经验和教训,以人之长,补己之短。相反,如果一味地自视清高,自命不凡,只会遮蔽住自己的眼睛,看不到别人的优点,自然也不可能从别人那里学到有益的东西了。

父子同登

【经典原录】

范元之,贫士也,与其子过江,见岸傍有遗金一袋,语①其子曰:"世人以财为命,故命綦②重矣,而往往以殉财死。匿③之不忍,我与尔④在此守待。"俄⑤见一妇哭而来,曰:"夫久系狱,昨变产营救,急遽亡⑥此。夫命休⑦矣,妾何生为?"父子验实,还之。明岁,同榜登科。

得 名 篇

【难点简注】

① 语:告诉。

② 綦:极。

③ 匿:隐藏,藏匿。

④ 尔:你。

⑤ 俄:一会儿。

⑥ 亡:丢失。

⑦ 休:停止。

【释古通今】

父子同登

范元之是一个贫寒的读书人,有一次,他和儿子一起过江的时候,

看见岸边有人丢失的一袋钱，便对儿子说："世上的人把钱财看作是自己的命一样，所以命才会显得极重，最终往往人会因为财而死。现在我们如果把钱藏起来，心里不忍，我和你就在这里等待失主来吧。"

过了一会儿，看见一个妇女哭着来了，并且说："我的丈夫被抓到监狱里已经很久了，昨天我变卖家产，准备救出丈夫，不料匆忙之间，竟然把钱弄丢了。看来我的丈夫难以活命了，那么我还能为了什么而活着呢？"范元之和儿子核实了这些钱确实是妇女的，然后就还给了她。第二年，他们父子双双金榜题名。

❋❋❋❋❋❋❋❋❋❋❋❋❋❋❋❋❋❋❋❋❋❋❋❋❋❋

妙笔点评

范元之虽然贫寒，但不为别人遗失的金钱所动，这种拾金不昧的精神令人敬佩不已。故事以父子二人同时榜上有名的结局，说明了美德必然会得到好的回报的道理。在物质日益丰富的今天，这种精神仍然需要得到大力弘扬。

科甲绵绵①

【经典原录】

仁和许尧堂乐善好施，活②人甚多。其先③自维新公以下，皆佐幕④，多阴德，故其后科甲绵绵，为浙省之冠。尧堂之子铖，乾隆戊午举人，孙学范乾隆戊子举人，壬辰进士，学会壬子举人。学范位不甚⑤显，又多阴德，是以身享奇福。盖五世同堂，五子登科⑥，皆古今罕有之事。学范则兼而有之，非其德之至⑦盛而能然乎？学范之子乃来，乾隆癸卯举人，乃大嘉庆辛酉举人，乃济庚申举人，己巳翰林⑧，乃縠道光辛巳举人，乃普嘉庆丙子举人，庚辰榜眼⑨，乃钊道光乙未翰林，孙桂身乙酉举人，曾孙之瑞亦乙酉副榜⑩，学曾之子乃安，道光壬辰翰林，是皆为乐亭公后也。乐亭公之姪曾孙乃赓亦嘉庆丁丑翰林，乃裕嘉庆己卯科，与乃安同榜举人，姪元⑪孙立身，辛卯举人，谨身戊子与乃钊同榜举人，癸巳进士。至于食饩⑫游庠，每岁未尝或间⑬，殊令人艳羡不已焉。可见，大福必从读书积善中来。古人云："小善报近，大善报远。报近者福小，报远者福大。报愈远者，福愈大。"今于许氏见之矣。

【难点简注】

① 绵绵：连续不断。

② 活：救活。

③ 先：祖先，先辈。

④ 佐幕：辅佐的官吏。

⑤ 甚：很，非常。

⑥ 登科：考中进士。

⑦ 至：极。

⑧ 翰林：官名，清代大臣多出于此途。

⑨ 榜眼：科举制度中，殿试一甲第二名称"榜眼"。

⑩ 副榜：科举考试中的一种附加榜示，即于录取正卷外，另取若干名。清代每正榜五名取中一名，名为副贡，不能与举人一同参加会试，但下一科仍可参加乡试。

⑪ 元:大。

⑫ 饩:赠送人的谷物。

⑬ 间:间断。

【释古通今】

科甲绵绵

仁和许尧堂乐善好施,受到他救助的人非常多。他的祖先自维新公以下,都是辅佐的官吏,都积了很多阴德,所以后代中不断有获取功名的,成为浙江省最为显贵的一家。许尧堂的儿子许钺是乾隆戊午年的举人,孙子许学范是乾隆戊子年的举人,壬辰那一年考中了进士,许学会是壬子年的举人。许学范的官位做得不高,又多积阴德,所以他能够享受好福气。许家五代同堂,五个儿子都考中了进士,可以说是古今以来罕见的事。许学范及其后代都榜上有名,难道不是他积了很多阴德才会这样的吗?许学范的儿子许乃来,是乾隆癸卯年的举人,许乃大是嘉庆辛酉年的举人,许乃济是庚申年的举人,己巳那一年成为翰林,许乃穀是道光辛巳年的举人,许乃普是嘉庆丙子年的举人,庚辰那一年在殿试时,考了一甲第二名,许乃钊是道光乙未年的翰林,孙子许桂身是乙酉年的举人,曾孙许之瑞也是乙酉年考中,名列副榜,许学曾的儿子许乃安是道光壬辰年的翰林,这些都是乐亭公的后代。乐亭公的侄曾孙许乃赓也是嘉庆丁丑年的翰林,许乃裕在嘉庆己卯那一年科举考试中,与许乃安是同榜的举人,侄长孙许立身是辛卯年的举人,许谨身在戊子那一年与许乃钊是同榜的举人,癸巳年又考中进士。许家获得的赏赐,以及在学校里得到的荣耀,每年都没有间断,特别让人羡慕。由此可见,大福气必然从读书积善中获得。古人说:"做一件小善事的报应近一些,做一件大善事的报应久远一些。报应近的福气小,报应久远的福气大。报应越久远,福气也就越大。"如今从许家来看,确实是这样的。

故事讲述许尧堂行善积德,热心助人,并且,列举他的子孙后代因为受到他的阴德的泽惠,都得以金榜题名,实际上也是意在褒扬他的大善之举。在现代社会,相互之间应该多一点关爱,互相帮助,发扬团结协作的集体精神,为和谐社会氛围的营造添一份力。

尽心教徒

【经典原录】

得名篇

王诰应试,文甚①佳。遇一相士,叩②之,相士曰:"君相清高,文才必美,但过寒③,不能发耳。"发榜果黜④。复叩终身,相士曰:"如君之貌,岂敢轻许? 然相从心生,君种大德,即能间⑤天。"诰归,自思家贫,济人利物,不能为矣,第⑥我平日见为师者,多误人子弟,我今尽心教徒,或者亦是种德。三年后,再试,复遇前相士,请相之,许其必中。诰曰:"何前云无而今云有耶?"相士曰:"我相人多,不能记忆,或者种善改变乎?"诰曰:"我寒儒,无钱积善,但蒙⑦指示后,惟⑧尽心教授生徒耳。"相士曰:"教人成德成才,使是大善,必中无疑。"发榜果中。

【难点简注】

① 甚:副词,很,非常。

② 叩:发问,询问。

③ 寒:贫寒,地位低。

④ 黜:贬退。

⑤ 回天:回,同"回"。回天,即比喻能够移转极难挽回的事势。

⑥ 第:但。

⑦ 蒙:承蒙。

⑧ 惟:只,只是。

【释古通今】

尽心教徒

　　王诰参加科举考试,文章写得很好。有一次,他遇到一个看相的人,便请求给自己看相,看相的人说:"你的面相清高,你的文章肯定写得好,但是因为你太贫寒了,不能金榜题名。"录取名单公布后,王诰果然没有考中。王诰又向看相的人问自己终身能不能考中,看相的人说:"像你这样的面相,我怎么敢轻易地说呢? 然而,面相是从心里呈现出来的,如果你能够积累大德,就能改变自己的命运。"王诰回到家里,想想自己家境贫寒,像接济别人做好事这样的事,是做不了的。但平时看到做老师的人,多数误人子弟,如果我现在尽心尽力地去教育学生,或者这也算得上是积累大德。三年之后,王诰再次参加考试,又遇到以前给他看相的人,就请他再给自己看相,看相的人说他这一次一定能够考中。王诰说:"为什么你以前说我不能考中,而如今你又说我能够考中呢?"看相的人回答说:"我为很多人看过相,自然记不住每个人,或许是因为你积累大德,从而改变了自己的命运吧?"王诰说:"我是个贫寒的读书人,没有钱积德,但是,承蒙你指点后,我就尽心尽力地去教育学生。"看相的人说:"教育学生成就大德,成为人才,这就是极其大的德行,这一次你必定能够考中。"等到录取名单公布后,王诰果然考中了。

妙笔点评

做好事可以选择力所能及的事去做,只要诚心诚意,尽心尽力即可。王诰的故事就是一个例子。比如教师教导学生时,首先要有一颗爱学生的心,要对学生负责,无怨无悔地愿意为学生付出辛勤的汗水。韩愈曾经说:"师者,传道授业解惑也。"就是指出了教师肩负的教书育人的重大责任。

丰神顿异

得名篇

【经典原录】

宋郊、宋祁兄弟同在太学①,有僧相之云:"小宋当魁天下,大宋亦不失科甲。"后十年,大宋遇僧于途,僧惊曰:"公丰神顿异,如曾活数百万命者。"郊曰:"贫儒焉②及此?"僧曰:"肖③翅之物皆命也。"郊良久曰:"旬日前,堂上有蚁穴,为暴雨所侵,吾编竹桥以渡之,此岂是耶?"曰:"是矣。小宋今年大魁,公终不出其下。"及唱④第⑤,祁第一,郊第二。章献太后谓弟不可先兄,乃以郊第一,祁第十。郊后封郑公。

【难点简注】

① 太学:中国古代的大学,是传授儒家经典的最高学府。

② 焉:哪里。

③ 肖:类似。

④ 唱:高呼。

⑤第:科举考试的品次等级。

【释古通今】

丰神顿异

宋郊、宋祁兄弟二人都在太学里读书,有一个和尚给他们看相说:"小宋(指宋祁)会天下夺魁,大宋(指宋郊)也不会落榜。"十年后,大宋在路上遇到了给他们看相的那个和尚,和尚惊讶地说:"我看你气质风度不同凡响,好像你曾经救活了几百万条命似的。"宋郊谦虚地回答说:"我一个贫寒的读书人,哪里会有你说的那样好呢?"和尚说:"即便是类似于翅膀那样的东西也都算得上是有生命的东西。"宋郊想了很久,才回答说:"十天前,我家的堂上有一个蚁穴,被暴雨冲坏了,我就用竹子造了一座桥,帮助蚂蚁度过了灾难,你说的是不是指这件事呢?"和尚说:"就是指这件事。小宋今年会考天下第一,而你的名次最终不会排在他的后面。"等到宣布名次时,宋祁考了第一,宋郊考了第二。因为章献太后认为弟弟不能排在兄长的前面,所以,就将宋郊排在了第一名,而把宋祁排在第十名。宋郊后来封为郑公。

在当今社会,随着文明程度的日益加深,自然界的生物的生存之地越来越少。为了使我们的生态环境少受一些破坏,也为了关爱生物,与人类共享安宁,我们需要做的还有很多。从宋郊的故事中,我们不就可以受到一些启发吗?

得名篇

成全婚媾①

【经典原录】

康熙癸酉秋,海盐徐年偕②其姪容赴省试,后诣③于坟祈梦。是夕,容梦忠肃公谓曰:"汝中式矣。"示以册上批清晰二字,且曰:"归语汝④祖吴三桂一事,当报汝甲第⑤也。"醒语其叔,亦不解⑥所谓。既而⑦榜发,容果入彀。谒其本房⑧,阅卷中并无清晰批语。及主司刻试录,选容《春秋墨义》一篇,其批适⑨与梦合,因共骇然⑩,而终不悟⑪所谓吴三桂者。复询其祖,时年已及耄⑫,亦茫然不记。久之,叹曰:"是矣,此事汝父亦不知之。吾家曩⑬有婢名三桂,有仆姓吴,因奸败露,汝曾祖治之,几⑭濒⑮于死,吾力为解劝,即以三桂配吴。三十余年矣,不意为神明所鉴,贻福于汝。冥冥之中,因果真不爽⑯也。"

【难点简注】

① 婚媾:婚姻。

② 偕:共同,一起。

③ 诣:至,到。

④ 汝:你的。

⑤ 甲第:科举等第名,犹言第一等。

⑥ 解:明白。

⑦ 既而:不久。

⑧ 本房:举人、贡士对推荐本人试卷的同考官的尊称。

得名篇

⑨ 适：恰巧。

⑩ 骇然：惊讶的样子。

⑪ 悟：明白，懂得。

⑫ 耄：年老。

⑬ 曩：以前。

⑭ 几：几乎。

⑮ 濒：接近。

⑯ 爽：违背，差错。

【释古通今】

成全婚姤

康熙癸酉那一年的秋天，海盐徐年和侄子徐容一起去参加省里的考试，随后到一座坟墓旁祈求好梦。当天夜里，徐容就梦见忠肃公对他说："你这次榜上有名了。"并且，给他看册子上批的清晰的两个字，说："回去之后告诉你的祖父吴三桂的事，应当回报你考中第一等的名次。"醒来后，徐容把梦里见到的情况告诉了叔叔，两个人都不明白梦里说的所谓吴三桂一事到底是怎么回事。不久，录取名单公布了，徐容果然榜上有名。徐容去拜见考官，看看自己的卷子上并没有什么清晰的批语。等到主司写试卷记录的时候，选了徐容的《春秋墨义》一篇，谁知试卷上的批语恰巧和徐容梦见的情况一样，大家一见，都十分惊奇，然而大家始终都不明白所谓的吴三桂一事是指的什么事。徐容又去问祖父，他的祖父当时年纪已经大了，也记不清了。过了很久，他的祖父才感叹地说："我想起来了，确实有这样的一件事，这件事连你的父亲也不知道。我们家以前有一个婢女，叫三桂，有一个仆人姓吴，因为他们两个的私情败露，你的曾祖父惩罚他们，差一点儿把他们打死，我从中竭力地加以劝解，最终把三桂嫁给了姓吴的仆人。这件事已经过去三十多年了，没有想到竟然被神明知道了，把福气报应在你的身上。冥冥之中，对人的报应果然一点儿也不错。"

＊＊＊＊＊＊＊＊＊＊＊＊＊＊＊＊＊＊＊＊＊＊＊＊＊＊

妙笔点评

谚语里说，种瓜得瓜，种豆得豆。这则故事就是说明了善举终得善报的道理。它虽然不无神秘色彩，但是，其中的合理内涵仍然值得今天的我们好好反省。生活中，我们需要有更多的爱心和热心，去帮助别人渡过难关。善义之举应该体现在每一天的小事中，从小事，从小处，时时刻刻关心别人，献一分热，发一分光，我们的社会才会变得更加温馨和美好。

三却^① 奔^② 女

得名篇

【经典原录】

陶大临年十七，美姿容，赴乡试^③。寓^④有邻女来奔，三至^⑤三却，遂^⑥徙他寓。寓主夜梦神语^⑦曰："明日有秀士^⑧来，乃鼎甲^⑨也。因其立志端方，能不为奔女乱，上帝特简^⑩。"寓主以梦告陶，陶益^⑪自砥砺^⑫。后中榜眼^⑬，官至大宗伯。

【难点简注】

① 却：拒绝。

② 奔：古代把男女不依照礼教的规定而自相结合叫"奔"。

③ 乡试：明清两代每三年一次在各省省城（包括京城）举行的考试。考期在八月，分三场。考中的称为举人。

④ 寓：旅馆。

⑤ 至：到。

⑥ 遂：于是。

⑦ 语：告诉。

⑧ 秀士：秀才。

⑨ 鼎甲：科举制度：殿试一甲前三名状元、榜眼、探花。鼎有三足，一甲共有三名，故称。

⑩ 简：选拔。

⑪ 益：更加。

⑫ 砥砺：磨炼。

⑬ 榜眼：科举制度中，殿试一甲第二名称"榜眼"。

【释古通今】

三却奔女

陶大临十七岁的时候，长得潇洒帅气，前去参加乡试。他住在旅店里，住在附近的一个女子不顾礼数，私自跑到他的住处，跑来三次，每次都被陶大临拒绝了，随后陶大临搬到其他的旅馆去住。旅馆的主人夜里梦见神仙说："明天会有一个秀才来投宿，他是今年的状元。因为他为人端正，能够不被私自跑到他住处的女子所迷惑，所以上帝特意选拔他，让他金榜题名。"旅馆的主人把梦中听到的话告诉了陶大临，陶大临更加发愤读书，小心谨慎。后来，陶大临考中了榜眼，官位做到大宗伯。

妙笔点评

　　在诱惑面前，最能考验一个人的意志和品质。故事里的陶大临不为前来投奔的女子所动，即便得知有神仙托梦，也不骄傲自满，反而更加笃志勤学，勉励自己。他的品行可以说极为高洁，令人敬仰。今人不正可以从他的故事中，汲取一些有益的东西吗？

月白风清

【经典原录】

得名篇

　　太仓陆容美丰姿,天顺三年应试南京。馆人有女,善吹箫,夜奔公寝,公绐①以疾,与期②后夜。女信而返,遂③作诗曰:"风清月白夜窗虚,有女来窥笑读书,欲把琴心通一语,十年前已薄相如。"迟明④托故去。越⑤数日,有家书来,乃其父梦郡守送旗匾,鼓吹甚⑥盛,匾上题⑦"月白风清"四字,父以为月宫之兆⑧,作书⑨报公,公益⑩悚然⑪。是秋中式,即联捷仕至参政。

【难点简注】

　　① 绐:哄骗,欺骗。

　　② 期:约会。

　　③ 遂:于是。

　　④ 迟明:黎明。

　　⑤ 越:过了。

　　⑥ 甚:副词,很,非常。

　　⑦ 题:题字,书写。

　　⑧ 月宫之兆:古人有"蟾宫折桂"的说法,即指科举考中,金榜题名。所以,月宫之兆就是指会榜上有名的好兆头。

　　⑨ 书:书信。

　　⑩ 益:更加。

　　⑪ 悚然:恐惧的样子。

【释古通今】

月白风清

太仓陆容长得很英俊,明代天顺三年(1459年)到南京参加科举考试。他住在旅馆里,旅馆的主人有一个女儿,善于吹箫,夜里私自跑到陆容的住处,愿意和他同床共枕而眠,陆容欺骗她说自己有病,约她后天夜里再来。谁知到了约定的时间,女子果然来了,于是,陆容写下一首诗:"风清月白夜窗虚,有女来窥笑读书,欲把琴心通一语,十年前已薄相如。"到了黎明时分,陆容就假托有事走了。过了几天,陆容家里寄来一封信,是他的父亲梦见地方官敲着锣,打着鼓,送给他家里一个旗匾,匾上写着"月白风清"四个字,陆容的父亲以为这是好的预兆,便写了一封信告诉他,陆容收到信后,更加恐慌。这一年秋天,陆容金榜题名,随后节节高升,一直做到参政。

得名篇

＊＊＊＊＊＊＊＊＊＊＊＊＊＊＊＊＊＊＊＊＊＊＊＊＊＊＊＊＊＊＊＊

面对私自跑来的女子,陆容意志坚定,不为之动摇。故事中他后来得以榜上有名,仕途顺利的叙述,既褒扬了他的洁身自好、慎言谨行的美德,也意在劝人不可因为一念之差,而贻误终身,留下憾事。

正气可嘉

【经典原录】

松江曹生应试,寓①中有妇来就曹,惊趋往他寓借宿。行至②中途,见灯火喝③道来,入古庙中,击鼓升堂。曹伏④庙前,闻殿上唱⑤新科榜名,至第六,吏禀曰:"某近有短行,上帝削去,应何人补?"神曰:"松江曹某,不淫寓妇,正气可嘉,即以补之。"曹且惊且喜。及⑥揭晓,果第六。

【难点简注】

① 寓:旅馆。

② 至:到。

③ 喝:大声呼喊。

④ 伏:趴。

⑤ 唱:高呼。

⑥ 及:等到。

得
名
篇

【释古通今】

正气可嘉

　　松江有一个姓曹的读书人去参加科举考试,他住的旅馆中有一个妇女前来和他亲近,他惊慌之下,急忙跑到其他旅店去住。走到半路的时候,他看见前面有灯火在晃动,只听一声吆喝声,闪开了一条道路,随后只听这些人进到古庙里,敲鼓升堂。姓曹的书生趴在古庙的前面,听到大殿上在宣布今年科举考试录取的名单,当念到第六名时,只听官吏禀告说:"这第六名的人最近有不好的行为,上帝把他的名字去掉了,现在应该由什么人来补这个位子?"神仙说:"松江有一个姓曹的书生,不与旅馆里的妇女淫乱,他的正气值得嘉奖,就让他补这个缺吧。"姓曹的读书人听了,又是惊奇,又是高兴。等到录取名单公布时,姓曹的书生果然考中了第六名。

❋❋❋❋❋❋❋❋❋❋❋❋❋❋❋❋❋❋❋❋❋❋❋❋❋❋❋❋

妙笔点评　　故事情节颇为离奇,然而其中蕴含的道理却值得我们深思。自古以来,一直很看重人的伦理道德。这则故事就说明了人不可去做有违道德之事,面对遇到的各种诱惑,理当提高自身的觉悟,自觉抵制不良行为。

恐惊天神

【经典原录】

　　王华余姚人,馆①于富家。夜深有一妾出奔,公不纳,妾出一帖示之,盖主人亲笔,云:"欲乞人间子。"公批于后曰:"恐惊天上神。"次日,即辞②馆去。明年,其家设醮③拜章,道士久不起,主人讶之,道士曰:"适④至天门,见放来⑤春状元榜。"问记名否,答曰:"未见名,只见马前彩旗上书'欲乞人间子,恐惊天上神'二句。"次年,状元及第⑥,果王华也。

【难点简注】

① 馆:寄居,住宿。

② 辞:告别,告辞。

③ 醮:道士设坛祭祀。

④ 适:碰巧。

⑤ 来:未来,将来。

⑥ 及第：科举考中之称。

【释古通今】

恐惊天神

王华是余姚人，寄居在富贵人的家里。深夜的时候，有一个妾来投奔他，王华拒绝了，妾就拿出一张帖子给他看，帖子应该是这家主人亲笔写的，上面写着："欲乞人间子。"王华在帖子后面又写了一句："恐惊天上神。"第二天，王华就走了。第二年，王华的家里人设坛祭祀，看见道士长时间不起身，主人很惊讶，道士解释说："我碰巧到了天门，见到公布明年的科举考试的录取名单。"主人问道士是否还记得状元的名字，道士回答说："没有见到名字，只是看见马前面的彩旗上写着'欲乞人间子，恐惊天上神'两句话。"第二年，等到公布状元的名字，果然是王华。

❈❈❈❈❈❈❈❈❈❈❈❈❈❈❈❈❈❈❈❈❈❈❈❈❈

　　故事读来颇有趣味，虽然讲述的仍是不为诱惑所动的内容，却更多了几分俏皮。王华以五字相回绝，洋溢着浓浓的书卷气。它告诉我们，遵守伦理道德，贵在自觉。所谓的"要想人不知，除非己莫为"，说的就是这个道理。

不可不可

【经典原录】

　　余干陈医师尝①捐药，医活一贫人，病家感之，其母命媳伴陈宿以报德。陈拒之，妇曰："姑②意也。"陈曰："不可。"妇强之，陈连③曰："不可不可。"其妇色美而好淫，陈几④不能自持⑤，遂⑥取笔连书曰："'不可'二字最难。"益⑦兼⑧拒之，天明乃⑨去。后陈医之子应试，主考弃其文,忽有人呼曰:"不可。"复阅其卷,又欲去⑩之,又闻连呼曰:"不可不可。"因细阅其卷,决意弃去,忽闻大声连曰:"'不可'二字最难。"考官知是阴德使然,遂高中之。

【难点简注】

① 尝:曾经。

② 姑:婆婆。

③ 连:连续,不停止。

④ 几:几乎。

⑤ 持:控制。

⑥ 遂:于是。

⑦ 益:更加。

⑧ 兼:两倍。

⑨ 乃:才。

⑩ 去:抛弃。

【释古通今】

不可不可

余干的陈医师曾经捐献药品,救活了一个贫穷的人,病人的家属很感动,母亲便让儿媳妇陪陈医师睡一夜,以报答救命之恩。陈医师拒绝了,这个儿媳妇却说:"这是我婆婆的意思。"陈医师坚持说:"这样做不可以。"这个儿媳妇强迫他,陈医师接连说道:"不可不可。"妇人长得漂亮,又很放肆,陈医师几乎不能自持,拿出笔接连写道:"'不可'这两个字最难。"更加坚决地拒绝妇人,直到天亮的时候,妇人才离开。后来,陈医师

得名篇

的儿子参加科举考试,主考官把他的文章扔在一边,忽然听到有人大声叫道:"不可。"主考官又来看他的试卷,再一次想把他的文章扔在一边,结果又听到有人接连呼喊说:"不可不可。"主考官就又仔细地看他的试卷,决定还是抛弃他的试卷,不准备录取他,忽然听到有人大声接连叫道:"'不可'这两个字最难。"主考官知道自己之所以会听到这样的话,是考生平时积了阴德的缘故,最终录取了陈医师的儿子。

❈❈❈❈❈❈❈❈❈❈❈❈❈❈❈❈❈❈❈❈❈❈❈❈❈

妙笔点评

这个故事饶有风趣,以典型的因果报应之说,大力肯定了陈医师的善举。它说明了乐于助人是一种美好的品质,然而帮助了别人,却不求得到回报,尤其值得赞扬。

得名篇

畀①金救溺

【经典原录】

谭元春父尝②客襄阳,舟旦③发,忽闻岸上悲啼声,急停舟问之,则里役遗失多金,无以偿④官,欲赴水死也。翁慰之曰:"汝⑤金固⑥不失。"随取一大函⑦畀之。其人曰:"此非吾金,安敢妄⑧取?"翁曰:"汝但⑨取去,不必再言。"后丁卯岁,元春梦神告曰:"宜⑩白策励,尔⑪父襄阳事发矣。"惊悟,以梦告母,母具⑫述前事。是年乡荐⑬第一。

【难点简注】

① 畀:给与。

② 尝:曾经。

③旦:早晨。

④偿:偿还。

⑤汝:你的。

⑥固:本来。

⑦函:匣子。

⑧妄:行为不正,非法。

⑨但:只管,尽管。

⑩宜:应该。

⑪尔:你。

⑫具:全部,一五一十地。

⑬乡荐:由州县地方官推荐到京城参加礼部的考试,叫"乡荐"。

【释古通今】

畀金救溺

谭元春的父亲曾经到襄阳办事,早晨坐船即将出发时,忽然听到岸上传来伤心的痛苦声,急忙停船询问情况,一问才知道原来是乡里的差役因为丢失了很多银子,无法把钱偿还给官府,准备跳水自尽。谭元春的父亲安慰说:"你的银子并没有丢失。"随即拿出一大盒银子送给差役。差役说:"这些钱不是我的,我怎么敢拿呢?"谭元春的父亲说:"你尽管拿去,不用再多说。"到了丁卯那一年,谭元春梦见神仙告诉他说:"你应该鞭策自己好好努力,你的父亲在襄阳做的善事如今会得到回报了。"谭元春惊醒过来,把梦里的情况说给母亲听,母亲就把他的父亲做的那件好事详详细细地告诉了他。这一年,谭元春参加乡荐考试,考了第一名。

妙笔点评

在别人危难之时,能够慷慨解囊,毅然相助,可谓德莫大焉。谭元春的父亲无私地帮助面临绝境的差役,他的义举犹如雪中送炭,救人于急难之中,其行为令人肃然起敬。日常生活中,每个人难免会遇到一些难题,这就需要大家伸出援助之手,团结友爱,发扬我们优良的传统美德,献出一片爱心,共同来营造和谐美好的社会氛围。

得
名
篇

复名篇

痛自忏悔

【经典原录】

　　李斌如多才博学,兼善武艺,困童试①二十余年。知府张化鹏爱其才,文试拔置第一,又以弓马应武考,亦膺②首列,人谓入泮③无疑矣。及文宗按④临,斌如领卷入号。值天雨,足穿钉鞋,将卷置案上,低头穿袜,卷落地,穿毕觅卷,已为钉鞋踩蹦粉烂。哭禀文宗,因无换卷之例,被逐出。武试马蹶⑤损腰,不能入院。文武两第一,均属无用。自是贫困无聊,亲友为图⑥一村馆,可供糊口之资。及负笈⑦到馆,是夜忽发山水,一村被冲,自己书籍衾服随流飘失,仅逃性命回家。时知府张化鹏已升广东运司,斌如跋涉到广,求其亲目,张适⑧丁内艰⑨,已登程数日,赶至中途禀谒,张见而怜之曰:"范叔一寒如是耶?吾在艰中,苦无绨袍⑩之赠。有长子某,现为杭州倅⑪,幕中乏人,吾写书与汝,到彼相投,籍笔墨之役,可权且安身也。"斌如至杭,倅已病危,父书亦不能阅,家人留居外室。不数日,倅殁⑫,斌如举目无亲,将投钱塘江自尽。有一人长髯修眉,形貌甚古⑬,急忙救起,斌如哭诉生平守分,并无过恶,屡遭天罚,好事成虚,其人曰:"上天仁爱,岂有偏私?今之建高牙⑭,竖大纛⑮,累裀⑯而坐,列鼎而食者皆前世积善修来。而饥寒冻馁,投人不著,亦系前生造恶所致。子今世虽然无过,前生必是造恶之人,若今生填还不满,又贻来世累矣。惟存好心,行好事,读好书,做好人,痛自惭悔,庶几⑰殃退吉来,灾消庆至。"斌如闻言遵行,后获登第⑱。

【难点简注】

① 童试:也称"童生试"、"小考"、"小试",指明清两代取得生员资格的考试。应考者无论年龄大小,均称童生,或称儒童、文童。

② 膺:受。

③ 入泮:也称"游泮"。西周诸侯所设的大学前有半圆形的池,名泮水。学校称泮宫。后代沿袭其形制。明清州、县录取新进生员入学,称入泮或游泮。

④ 按:巡视,巡行。

⑤ 蹶:跌到。

⑥ 图:谋划。

⑦ 笈:书箱。

⑧ 适:碰巧。

⑨ 丁内艰:旧时称遭父母之丧为丁忧。母丧叫丁内艰或丁内忧。

⑩ 绨袍:绨,古代的丝织物名。以绨袍喻指是不忘旧情。

⑪ 倅:副职。

⑫ 殁:死。

⑬ 古:不同时俗。

⑭ 高牙:官署的称呼。

⑮ 纛:仪仗队的大旗。

⑯ 裀:通"茵",两层床垫。

⑰ 庶几:表示可能或期望。

⑱ 登第:考中进士。

复
名
篇

【释古通今】

痛自忏悔

李斌如博学多才,而且精通武艺,但是参加童试二十多年,一直没有考中。知府张化鹏赏识他的才干，在文试中，将李斌如选拔为第一名，李斌如又以弓箭和马术参加武试，也荣列前茅，大家都说李斌如一定能考上生员。等到文宗驾临当地巡视的时候，李斌如领了试卷之后，回到自己的座位上。碰巧下雨了，李斌如脚上穿着钉鞋，就把试卷放在桌子上，低头穿袜子，不料试卷落在地上，等穿完袜子再来寻找试卷，谁知试卷已经被钉鞋踩得稀烂。李斌如哭着禀告文宗，但是，因为从来没有换试卷的先例，最终他被赶出考场。武试时，因为马倒下，李斌如的腰也损伤了，也不能如愿考中。这样一来，文试和武试两个第一名，都和李斌如无缘了。李斌如家里贫穷，而且无所依靠，亲友便在一个村里为他开了个旅馆，可以赚点儿养家糊口的钱。谁知等他背着书箱子到旅馆时，夜里忽然爆发山洪，整个村子都被冲垮了，他自己的书籍、被子和衣服也都冲走了，他侥幸逃到家里，好不容易捡回了一条性命。当时，知府张化鹏已经升任广东运司，李斌如便追他到广东，请求做他的属下，然而，恰巧这时候张化鹏的母亲去世，已离开广东好几天了，李斌如又追赶到半路上拜见张化鹏，张化鹏见了他，很同情他，说："这么贫寒呀？我现在正处在为母亲服丧期间，不方便赠送你一些礼物。我的大儿子如今在杭州担任副职，他的幕府中缺少人手，我写一封信交给你，你去投靠他，凭借一个小小的差事，可以姑且让你安身了。"李斌如赶到杭州，不料担任杭州副职的张化鹏的大儿子已经病重，不能看父亲的书信了，他的家人把李斌如安排在外面的房子里，让他暂且住了下来。然而，没过几天，张化鹏的大儿子就死了，这样一来，李斌如感到举目无亲，失望之余，准备投钱塘江自尽。这时候，忽然来了一个留着胡须，眉毛长得很长，模样特别的人，急忙把李斌如救了上来，李斌如哭着诉说自己一生谨守本分，并没有过错，也没有做过什么坏事，却屡次遭到上天的惩罚，好事都成了虚无缥缈的了。这个人对他说："上天仁慈，有爱心，怎么会有偏心呢？如今那些建造官署，竖立大旗，坐着厚厚的垫子，吃着美味佳肴的人都是前世积善修来的福气。而那些饱受饥寒之苦，投靠的人又不得力的人，也是前生做坏事所造成的。你今世虽然没有过失,但你的前生必定是个做坏事的人,如果你今生不能把前生的冤孽全部填补过来,又会连累到你的来世。你只有怀着好心,多做好事,多读好书,做个好人,进行深刻反省、忏悔,才有可能避免灾祸,迎来好事,消除灾难,这样喜事也就会跟着来了。"李斌如听了之后,按照他说的那样去做,后来考中了进士。

* *

李斌如虽学识渊博,然而郁郁不得志,始终不能考中,其原因就是前生没有行善积德。故事以这样的宿命论观点,来解释其原因,虽然有其缺憾和不足,不过,它强调了在德与才两者中,品德是最重要的,这值得引起我们的注意。倘若有才而无德,就不能成为有益于社会建设和发展的有用人才。因此,在增长自我才干的同时,更重要的是,也要提高自身修养,做社会中德才兼备的有用人才。

复名篇

深自悔悟

【经典原录】

　　丁湜少负①才名,性豪爽,酷②嗜③赌,父责不悛④,怒逐之。浪游京师,经营补太学。南省奏捷,偶过相国寺,有术者谓曰:"君气色极佳,吾在此阅人多矣,未有如君者。"问其姓名,即大书于壁云:"今年状元是丁湜。"湜益⑤喜,自负,赌益豪⑥。闻同牓⑦两蜀士,挟⑧多赀⑨,即设局延⑩之。湜连胜,得钱六百万。越数日,复诣⑪寺中,术者一见,大惊曰:"君气色大非前比,即⑫中牓,亦无望,何况魁选?"急揭壁上书,叹曰:"坏我名,此言殊⑬不验⑭矣。"湜惊问故,术者曰："相人先观天庭^⑮，明润黄泽则吉。今枯燥且黑，得非设心不良，有谋利之举，以负^⑯神明乎？"湜悚然^⑰以实告，且曰："戏事亦有损乎？"术者曰："君莫谓此事为戏也。凡关系财物，便有神明主张。非义之得，自然减福。"湜深自悔曰："然则悉^⑱以反之，可乎？"术者曰："既发真心，神必知之。果能悔过，尚可占甲科，但恐居五人下也。"湜归，急还其所得。是科徐铎冠牓，湜居第六。

【难点简注】

① 负：倚仗。

② 酷：甚，很。

③ 嗜：喜欢，喜好。

④ 悛：改，悔改。

⑤ 益：更加。

⑥ 豪：气魄大，不拘束。

⑦ 牓："榜"的异体字。

⑧ 挟：携带，带着。

⑨ 赀：同"资"，钱财。

⑩ 延：延请，邀请。

⑪ 诣：到。

⑫ 即：即便，即使。

⑬ 殊：很，非常。

⑭ 验：应验。

⑮ 天庭：两眉之间，前额的中央。

⑯ 负：辜负。

⑰ 悚然：惊惧的样子。

⑱ 悉：全部，都。

【释古通今】

深自悔悟

丁湜年轻时,对自己的才气很自负,为人豪爽,酷爱赌博,父亲责备他,因为他仍然不悔改,一气之下便把他赶出家门。丁湜在京师浪游,谋划着递补到太学里。适逢南方送来捷报,丁湜偶然路过相国寺,有一个看相的人对他说:"你的气色非常好,我在这里为很多人看相,从来没有见到能像你的面相这么好的。"丁湜假装问自己的姓名,看相的人拿起笔在墙壁上写下几个大字:"今年状元是丁湜。"丁湜心里更加高兴,对自己的才气更加自负,肆意地赌博。丁湜听说和他同榜的有两个四川来的读书人,带了很多钱,便设下棋局邀请他们赌博。丁湜接连获胜,得到六百万银子。过了几天,丁湜又来到相国寺,以前给他看相的人一见到他,大为惊讶,说道:"你的气色已经大非昔比,即使你榜上有名,也没有什么希望,何况是考状元这样重要的事呢?"看相的人急忙揭下以前在墙壁上写的字,并且感叹说:"你损坏了我的名声,看来我以前的预言也不能应验了。"丁湜惊奇地问他原因,看相的人回答说:"给人看相先要看他的天庭,如果天庭发亮润泽,就是吉利的。如今你的天庭干枯而且发黑,是不是你居心不良,做了什么谋取暴利的事,从而辜负了神明呢?"丁湜听了十分恐慌,就把自己赚取两个四川人的钱的事一五一十地说了,又问道:"像赌博这样的游戏也会对我有损害吗?"看相的人说:"你不要以为这件事是游戏。凡是关系到财物的事,便有神明做主。凡是不是通过正当的途径获得的钱财,自然就会减少你的福气。"丁湜深深地忏悔说:"事情既然已经如此,如果我把钱全部还给他们,还能够挽回吗?"看相的人回答说:"既然你是发自真心地想去挽回,神明一定会知道的。如果你真的能够悔过自新,还可以榜上有名,只是恐怕你只能位居于五个人的后面了。"丁湜回来后,赶紧把钱还了回去。这一次科举考试,状元是徐铎,丁湜果然考了第六名。

❋❋❋❋❋❋❋❋❋❋❋❋❋❋❋❋❋❋❋❋❋❋❋❋❋❋❋❋❋❋

妙笔点评

故事借助为丁湜看相的人的话，进行颇有迷信色彩的说教，它告诫人们不可贪图意外之财，从中谋取暴利。而如果能够幡然醒悟，悔过自新，以弥补以前的过失，仍然不失为一种可贵的品质。

深自悔厉①

复名篇

【经典原录】

　　某先达者家本素封②，角丱③时，即联姻富室。其尊人④慷慨好施，罄⑤其所积，临殁⑥时，惟以阴德遗公。公困甚，入泮⑦后，借贷为娶妇计。而富翁嫌婿贫，阴⑧背盟，贿媒媪⑨而以青衣易之。青衣固⑩端庄婉淑，公无由知其伪也，后往岳家，里中无赖子，群以婢媵⑪相揶揄⑫。公密叩⑬诸妇，妇直告焉。先是，公尝梦至一所朱阑碧瓦，回⑭异人间，有数女郎共绣一宫锦袍，问之，曰："新科状元服。"谛⑮视襟袖间，朱书二字，乃己姓名。醒后颇自负⑯。及知娶婢，恚⑰甚，念他年富贵，必欲改絃⑱。是夕，仍梦至前所，刺绣女郎莫不相顾，视襟袖间字，字已尽减，急问其故，女郎漫⑲应曰："此子近萌一弃妻念，上帝命易⑳他人耳。"瞿然㉑惊觉，深自悔厉。自此琴瑟㉒益调㉓，誓言偕㉔老。不数年，大魁天下，累㉕秉㉖方镇㉗节钺㉘。

【难点简注】

① 厉:勉励,激励。

② 素封:没有官爵封邑而富同封君的人。

③ 角丱:指代童年。角,古时男孩头顶两边留发为饰之称。丱,儿童束发成两角的样子。

④ 尊人:对人称其父的敬词。

⑤ 罄:尽。

⑥ 殁:死。

⑦ 入泮:也称"游泮"。西周诸侯所设的大学前有半圆形的池,名泮水。学校称泮宫。后代沿袭其形制。明清州、县录取新进生员入学,称入泮或游泮。

⑧ 阴:暗中,偷偷地。

⑨ 媪:老年妇女。

⑩ 固:本来。

⑪ 壻:"婿"的异体字。

⑫ 揶揄:嘲弄。

⑬ 叩:发问,询问。

⑭ 回:旋转。

⑮ 谛:仔细,详细。

⑯ 自负:自恃,自许。

⑰ 恚:怒,恨。

⑱ 絃:"弦"的异体字。

⑲ 漫:随意,随便。

⑳ 易:替换。

㉑ 瞿然:惊动的样子。

㉒ 琴瑟:比喻夫妻之间感情和谐。

㉓ 调:协调,和谐。

㉔ 偕:共同,一块儿。

㉕ 累:接连,屡次。

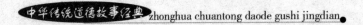

㉖ 秉：掌握。

㉗ 方镇：指镇守一方的军事区域和军事长官。

㉘ 节钺：符节和斧钺，古代授予将帅作为加重权力的标志。

【释古通今】

深自悔厉

有一个富贵的人本来是没有官爵封邑，然而富同封君，小时候，便和富贵人家联姻。他的父亲为人慷慨，乐善好施，把所有的钱财都送给了别人，临死时，只给他留下了平时积累的阴德。他非常贫穷，考上生员后，为了娶媳妇而向人借钱。他未来的岳父是个富人，嫌他贫穷，便偷偷地违背盟约，贿赂媒婆，改用婢女青衣来代替女儿出嫁。婢女青衣本来就端庄贤淑，所以他并没有识破她的身份，后来，去岳父家时，同乡的一群赖皮，称呼他是婢女的女婿，以此来嘲弄他。他回家后，偷偷地问妻子这是怎么回事，妻子直言相告。在此之前，他曾经梦见自己来到一所有红色栏杆、碧色砖瓦的宅院，走在这些奇异的人中间，看见有几个女子在共同绣一件锦袍，便问她们，得到的回答是："在绣今年科举考试的状元的服装。"他细细地看了看，发现衣襟和袖子的中间，写着红色的两个字，竟然是自己的名字。他醒来后，很是得意。等到知道自己娶来的是婢女，十分恼怒，想想自己将来得到富贵之后，一定要赶走妻子，另外娶其他的女子。当天夜里，他又梦见自己来到以前到过的那个地方，只见刺绣的女子中没有一个人愿意回头看他，再看看衣襟和袖子中间的字，他惊奇地发现那些字都已经消失了，急忙问她们原因，女子漫不经心地回答他说："以前的那个状元最近竟然产生了抛弃妻子的念头，现在上帝命令另换别人。"他猛然惊醒，深深地为自己的过错而忏悔。从此以后，他和妻子和睦相处，发誓白头到老。没过几年，他就考中了状元，多次担任一方的行政长官。

妙笔点评 故事借助两次离奇的梦境,通过梦中的女子之口,道出了关于做人的深刻道理。它说明了人应当做诚信可靠、富于责任心的人,不可嫌贫爱富,薄情寡义,做出无情无义之举。

誓改前非

【经典原录】

复名篇

　　庠生①郎纶绥性淫②而慧,被奸之妇多誉之。年逾四十,自知获罪,无计挽回③,听命于天而已。适④病后读《训言》,有云:"曾行恶事,后自改悔,久久必获吉庆。"又云:"天道祸淫,不加悔罪之人。"郎跃而起曰:"吾今有以自全矣。"誓改前非,奉行众善,凡有著作,借径⑤以劝人。数年贡⑥入成均⑦,子贵晋封,寿九十余。

【难点简注】

① 庠生:科举制度中府、州、县学的生员的别称。庠,古代学校的名称。

② 淫:好色,纵欲。

③ 回:同"回"。

④ 适:碰巧,正赶上。

⑤ 径:直截了当。

⑥ 贡:选举,推荐。

⑦ 成均:即国子监,设立于京城和各省城的学校。

【释古通今】

誓改前非

庠生郎纶绶纵欲无度,却又聪明,因而被他奸污的多数妇女都赞扬他。郎纶绶过了四十不惑之年后,知道自己犯下的罪行不浅,但是,没有办法挽回,只能听天由命罢了。有一次,他碰巧在得病后读了《训言》,里面说:"曾经做了坏事,随后能够悔改,时间长了必定会获得吉祥。"里面还说:"天道会加祸于淫乱的人,而不会降罪于已经悔过的人。"郎纶绶看了之后,一跃而起,高兴地说:"现在我终于有保全自己的办法了。"随即痛改前非,做了很多善事,凡是自己有的著作,一律借给别人,并且直截了当地加以劝诫。几年之后,郎纶绶被推荐到国子监,他的儿子也受到了封赏,郎纶绶自己也获得高寿,总共活了九十多岁。

复名篇

❀❀❀❀❀❀❀❀❀❀❀❀❀❀❀❀❀❀❀❀❀❀❀❀❀❀❀❀

妙笔点评

不怕人犯错误,怕的是人一旦有了过失后,仍然不思悔改。这个故事就意在劝诫人们,犯了错误,就要有勇气去改正。如果能够迷途知返,改邪归正,还是可以弥补以前的过失的,也能够得到别人的谅解和宽容。

猛省改悔

【经典原录】

田某未第①时,丰姿俊雅,里中女多奔之,遂②避邻郡之南山寺读书。寺旁女奔之益③众，某心知其非而不能忍。忽见一神，甚④短小，初形之梦寐⑤，继⑥则白日相随，谓之曰："汝⑦原有大福，因花柳多情，削去殆⑧尽。上帝命我监视，若自今改行，犹⑨不失为进士御史，子孙半禄。"某猛省改悔，已而⑩果第，官止御史。诸子享年六十者，自三十以后即贫困彻骨，七十五十俱以半为差。

【难点简注】

① 未第：第，科举考试的品级名次。未第，即没有考中的意思。

② 遂：于是。

③ 益：更加。

④ 甚：副词，很，非常。

⑤ 梦寐：睡梦，梦中。寐，睡。

⑥ 继：紧接着。

⑦ 汝：你。

⑧ 殆：几乎。

⑨ 犹：仍然。

⑩ 已而：旋即，不久。

【释古通今】

猛省改悔

有一个姓田的书生在没有金榜题名之前，因为长得英俊潇洒，同乡的多数女子都来和他亲近，他只好躲到邻县的南山寺里读书。不料南山寺旁边赶来与他亲近的女子更多，他心里知道淫乱是不对的，然而最终还是忍耐不住女子的诱惑。忽然，他看见一个神仙，身材十分矮小，刚开始的时候，这个神仙只是在他的梦里出现，后来则白天都跟随他，对他说："你本来有大的福气,但是因为你淫乱多情,所以你的福气已经减去的差不多了。上帝命令我来监视你,如果你从今以后能够改过自新,仍然能够考中进士,做个御史,子孙后代也可以享受一半的禄位。"他猛然醒悟过来,从此悔过自新,不久果然考中了进士,但是只做到御史,就再也没有晋升的可能了。他的几个儿子中有活到六十岁的,从三十岁以后就极其贫困,活到七十岁、五十岁的,都是到寿命的一半的时候(即分别活到三十五岁、二十五岁)就变得非常贫穷。

❋❋❋❋❋❋❋❋❋❋❋❋❋❋❋❋❋❋❋❋❋❋❋❋❋❋

妙笔点评

复名篇

故事以神仙点化的方式,劝说书生改邪归正,从而能够顺利考中,但是因为已经做了的事无可挽回,所以也由此而减去了一些福气。它说明人应该时时刻刻约束自己,自觉地谨守道德操守,一旦因一己之私而犯了错误,只要勇于悔改,仍然是值得肯定和赞扬的。

洗心饬行

【经典原录】

吴江吴兹受为楚令,入闱①得欧阳生卷,已定魁,临发榜,以一言刺目易之,即欧阳同邑士也。其士来谒,年未弱冠②,吴曰:"君邑有欧阳某,识之否?"士曰:"邻家也。"吴曰:"君有佳兆否?"士曰:"某父梦魁垣③以亚魁匾额,诣欧阳家,灶神出迎,有妇蓬首白衣,力挽之,乃移至某家。"吴曰:"君试偕之来。"叩④之,曾与邻妇通,妇为夫杀,某幸免。后欧阳洗心饬行,登顺治甲午贤书⑤。

【难点简注】

① 闱:科举考试的地方。

② 弱冠:古代男子二十岁时,结发加冠,表示成人了。弱冠即指二十
岁左右。

③ 垣:旧时用为某些官署的代称。

④ 叩:发问,询问。

⑤ 贤书:本意是举荐贤能的名单。后世因称乡试考中为"登贤书"。

【释古通今】

洗 心 饬 行

吴江吴兹受担任楚地的长官,在考场上,发现了一个姓欧阳的考生的
试卷,便把他确定为录取的人选,等到快要公布录取名单时,忽然因为试
卷里有一句话刺目而另换了他人,是与姓欧阳的考生同乡的一个书生。
书生还不到二十岁,前来拜见吴兹受,吴兹受问他说:"和你同乡的有一
个姓欧阳的考生,你认识他吗?"书生回答说:"他是我的邻居。"吴兹受接
着问道:"在录取名单公布之前,你有没有什么吉利的兆头?"书生答道:
"我的父亲梦见官府送了一块第二名的匾额,到了欧阳家,灶神出来迎
接,忽然有一个头发蓬乱,穿着白色衣服的妇女,拦住匾额,把这块匾额送
到了我的家里。"吴兹受说:"你尝试着把欧阳考生一起带过来。"吴兹受
又详细地询问有关情况,才知道姓欧阳的那个考生曾经和邻居的一个妇
女私通,妇女被她的丈夫杀了,他幸免于难。后来,姓欧阳的考生洗心革
面,改过自新,顺治甲午那一年在乡试时金榜题名。

自古以来,就很看重人伦道德,作奸犯科之事,则是人所共弃的。故事里欧阳生的例子不就值得人好好地反省吗?它告诫我们为人当端正,恪守伦理道德规范,自觉提高自身修养,不可做出违法乱纪的举动。

改过自修

复名篇

【经典原录】

江阴张畏岩积学工文①,明神宗甲午科,阅榜上无名,大骂试官。一道士在旁笑曰:"相公文必不佳。"张迂怒曰:"汝②安③知之?"道士曰:"闻作文贵心平气和,今骂声如此不和平甚④矣,文安得佳?"张不觉屈服请教,道士曰:"命不该中。文虽工,无益⑤也。然造命者天,立命者我。力行善事,则自求多福矣。"张曰:"我贫儒,无钱行善。"道士曰:"善由心造,力到便行。常存此心,功德无量。即如谦虚一节,并不费钱。何不自反⑥,而骂试官乎?"张由是领悟,改过自修。丁酉梦至一阙,见试录册子中多缺名,一吏语曰:"科第阴间三年一考,册内缺名,皆本该中式,因其新有薄行,而去之者也。"指末一行曰:"汝三年来,身心谨慎,或当补此。"是科果中一百五名。

【难点简注】

① 工文:工:擅长。工文,即善于写文章。

② 汝:你。

③ 安:疑问代词,怎么,哪里。

④ 甚:副词,很,非常。

⑤ 益:作用,用处。

⑥ 反:反省。

【释古通今】

改过自修

　　江阴张畏岩学识渊博,擅长写文章,参加了明神宗甲午那一年的科举考试,等到录取名单公布时,他看见榜上没有自己的名字,便大骂考官。一个道士在旁边笑着说:"你的文章必定写得不好。"张畏岩一听,便又冲着道士发火说:"你怎么知道我的文章写得不好?"道士回答说:"我听说写文章贵在心平气和,而如今我听你的叫骂声非常不平和,这样看来你的文章怎么会写得好呢?"张畏岩听了,不由得认输,转而虚心地向他请教,道士说:"你命中注定不该考中。虽然你善于写文章,但没有什么用处。不过,造成人的命运的是上天,而确立命运的却是自己。如果能够多做善事,就会多福多利。"张畏岩说:"我是一个贫寒的读书人,没有钱来做善事。"道士说:"善良是由心产生的,只要有心去做就可以了。时刻存有善心,便会功德无量。比如谦虚,就并不需要花费一分钱。你为什么不反省一下自己,却要责骂考官呢?"张畏岩受到了启发,从此改过自新。丁酉那一年,他梦见自己来到一个宫阙里,见录取名册中多半没写名字,有一个官吏对他说:"在阴间,科举功名是三年考核一次,名册里暂时没写上的名字,本来都是应该考中的人,因为这些人近来有不好的行为,所以就把他们的名字去掉了。"并且,指着最后一行对他说:"你三年来,为人小心谨慎,倒可以补写在录取的名册里。"等到这次科举考试的录取名单公布时,张畏岩果然考中了,名列第一百零五名。

* *

妙笔点评

张畏岩的故事告诉我们,人的优秀品质是非常重要的。一旦有了过失,如果能够诚心诚意地改过自新,多做好事,依然是可贵的品德。诚如道士所说:"善由心造,力到便行。"重要的不在于外在的表现形式,而在于内在的品质。

恐惧修省

复名篇

【经典原录】

壬午孝廉①谢廷谔尝②语③人曰:"吾昔于丁卯元旦,不出贺客,阄④题作文,有某年伯来贺,直入书屋,云:'夜来梦观天榜,见子名高列,必中无疑矣。'余疑其戏。及入闱⑤,首题《君子谋道章》,恰系元旦所阄得者,心异⑥之,谓梦当不妄⑦。已而⑧揭晓,竟见遗。是夕,梦先祖告曰:'汝本今科中式,因有二事不好,致遭冥责。岂不闻百行孝为先,利己害人之事,儒者所当戒乎?今当勇猛自新,尚可复中。'寤⑨后追思五月间,曾污父衣,为父所责,不令⑩抵触数语。又得贿数金,陷一人于杖。二事诚有之,因恐惧修省,勉善不懈。阅⑪十六年,至壬午,始获隽焉。"

【难点简注】

① 孝廉:明清两代对举人的称呼。

② 尝:曾经。

③ 语:告诉。

④ 阍:取。

⑤ 闱:科举考试的地方。

⑥ 异:惊奇。

⑦ 妄:荒诞,荒谬。

⑧ 已而:旋即,不久。

⑨ 寤:睡醒。

⑩ 令:善,美好。

⑪ 阅:经历。

【释古通今】

恐惧修省

　　壬午那一年考中孝廉的谢廷谔曾经对别人说:"先前丁卯年元旦的那一天,我没有出门应酬客人,只是在家里取题目写文章,这时候有一个长辈前来道贺,直接进入我的书房,对我说:'我夜里梦见了上天公布的新科进士榜,看见你的名字列在前面,今年你一定能够考中。'我怀疑他是和我开玩笑的。等到进入考场后,我发现第一道题是《君子谋道章》,恰好就是我在元旦那一天已经做过的题目,心里顿生惊讶之感,便认为那个长辈做的梦并不荒诞。不久,录取名单公布了,我却没有考中。当天夜里,我梦见先祖告诉我说:'本来这一次你能够考中,但是因为你做了两件不好的事,以至于受到阴间的责罚。难道你没有听说众多行为中以孝为先,损人利己的事,是读书人应当戒掉的吗?如今你应该尽快改过自新,这样的话还会有考中的希望。'我醒来后,回忆起五月的时候,曾经弄脏了父亲的衣服,受到父亲的责备,我就说了几句不好的话,顶撞了父亲。我还曾经接受了别人的贿赂,把一个人杖责了一顿。我确实做过这两件不好的事,经过梦里先祖的提醒,我感到恐惧,从此改过自新,勉励自己不断地做善事。在经历了十六年之后,也就是到壬午这一年,我才考中孝廉。"

妙笔点评

故事里的谢廷谔因为曾经有恶行,失掉了本该得到的功名,后来悔改,终于如愿考中。他的例子告诉我们,人应当尊敬长辈,包括自己的父母。它还说明了人不能做损害别人利益的事,应该与他人和睦相处,以自己的实际行动,自觉继承和发扬传统的美德。

猛省冋①头

复名篇

【经典原录】

万历壬子武进张玮同某生应试南京,抵寓之夕,主人梦迎天榜解元②,乃某生也,具③以告生,生扬扬得意。主人有二女楼居,甫④及笄⑤,闻而心动,使婢招生,自楼缒⑥布为梯。生拉公俱登,及半,公忽猛省,曰:"吾来应试,奈何作此损德事?"急堕⑦身下,生竟乘而上。是晚主人复梦天榜,见解元已易张名矣,大骇,具以告生,且诘其近作何事,生面赤无以应。发榜果然。

【难点简注】

①冋:同"回"。

②解元:乡试第一名。

③具:详细,一五一十地。

④甫:始。

⑤及笄:在古代,女子十五岁时,结发加笄(发簪),表示成年,可以出

嫁了。及笄,即指结发加笄。

⑥ 絙:用绳子拴着人从高处往下送。

⑦ 堕:落,掉下来。

⑧ 诘:责问。

【释古通今】

猛省回头

明代万历壬子那一年,武进人张玮和一个书生一起到南京参加考试,到达旅馆的那天晚上,旅馆的主人梦见迎来新科解元,就是和张玮在一起的这个书生,等到他们来住宿时,主人便把梦见的情况全部告诉了这个书生,书生听了十分得意。主人有两个女儿在楼上居住,刚刚满十五岁,当听说书生即将考中解元后,便怦然心动,派婢女去约书生来相见,并且从楼上放下来一块布,当作梯子。书生拉着张玮一起拴上布往上爬,爬到一半时,张玮猛然省悟,说:"我是来参加考试的,怎么现在却来做这种有损德行的事?"急忙下来,而书生最终上楼了。当天夜里,旅馆的主人又梦见录取的名单,发现解元已换成张玮的名字,大吃一惊,赶紧来告诉书生,并且责问书生最近做了什么不好的事,书生听了面红耳赤,无言以对。等到录取名单公布后,果然正如旅馆的主人梦中所见,是张玮考了第一名。

这个故事里的书生倚仗梦境,竟然自得意满,而且做出有损德行之事。而张玮则能够迷途知返,改正自己的错误,最终得以考中。它说明了骄傲使人落后,任何时候都不能放纵自我,应该严于律己,时刻提醒自己遵从道德规范。

力行善事

复名篇

【经典原录】

项梦原初名德棻,梦己名在桂籍中,以污两少婢,为文昌削去,遂①禁戒邪淫,力行善事。后梦至②一所,见黄纸榜,第八名为项姓,中一字模糊,下为"原"字。旁一人曰:"此汝③天榜名次也。因汝近来改行,故得复在此。"既觉④,易名梦原。壬子中顺天二十九,己未会试⑤第一。皆疑梦中名字之爽⑥。及胪唱⑦第五,方悟合三及第数之,恰是八也,且乡会榜皆白,惟殿榜独黄云。

【难点简注】

① 遂:于是。

② 至:到。

③ 汝:你。

④ 觉:睡醒。

⑤ 会试:明清两代每三年在京城举行的考试。各省的举人都可以参加应考。考中的人称贡士。

⑥ 爽:差错。

⑦ 胪唱:科举时代,进士殿试之后,按甲第唱名传呼召见,叫"胪唱"。也叫"传胪"、"胪传"。

【释古通今】

力行善事

项梦原本最初的名字叫项德棻,有一次,梦见自己的名字写在录取的名单里,但是因为他曾经玷污了两个年轻的婢女,而被文昌帝君去掉了名字,从此以后,他禁止自己去做淫乱的事,竭力去做善事。后来,他梦见自己来到一个地方,看到有一张黄纸写的榜文,其中的第八名是姓项,中间的一个字没有看清楚是什么字,下面的字是个"原"字。旁边有一个人对他说:"这就是你的考试名次。因为你近来改过自新,所以你的名字才会被重新写到这个名单里。"醒来后,他就改名叫梦原。壬子那一年考试的时候,项梦原在顺天府名列第二十九名,己未年会试时,又考了第一名。项梦原怀疑梦中见到的名次有错误。等到殿试时,他考了第五名,这时候才明白,原来梦里见到的名次是把这三次的考试排名合在一起了,恰好是第八名,而且,公布乡试录取名单的榜文都是用白色的纸写的,只有殿试的榜文才是黄色的。

妙笔点评　　　项梦原的两次梦境,分别代表着他前后不同的行为。故事就以两次不同的梦中所见,告诫人们不可做出违背伦理道德之事,要励行善事,关爱他人,当做了错事后,应该督促自己改正,虔心向善。

复畀①科名

【经典原录】

萧山韩其相少工②刀笔③,久困场屋,且无子,已绝意进取矣。雍正癸卯在公安幕,梦神语曰:"汝④因笔孽多,尽削禄嗣。今治狱仁恕,畀汝科名及子,其速归。"未以为信。次夕,梦复然。时已七月,答以试期不及,神曰:"吾能送汝也。"寤⑤而急理⑥归装。江行风利,八月初二日抵杭州,以遗才入闱⑦,果中式。明年,举⑧一子。韩每⑨为刑名幕友言之。

复名篇

【难点简注】

① 畀:给与。

② 工:擅长。

③ 刀笔:公牍。

④ 汝:你。

⑤ 寤:醒。

⑥ 理:整理。

⑦ 闱:科举考试的地方。

⑧ 举:生育。

⑨ 每:常常。

【释古通今】

复畀科名

萧山人韩其相年轻的时候,擅长写公案文书,但是因为参加科举考试一直没能考中,再加上没有儿子,已经灰心失望,决定不再考取功名了。雍正癸卯那一年,韩其相在湖北公安做幕僚时,梦见神仙对他说:"因为你写的公案文书造孽很多,所以把你从科举考试的名单里删去了,而且还让你没有儿子。如今你办理案件以宽恕为怀,便给你送来科举功名和儿子,你要赶紧回家。"韩其相并没有相信梦中所见。第二天晚上,同样的梦又出现了。当时已经是七月,韩其相在梦里对神仙说,已经赶不上考试的时间了,神仙却说:"我能把你送到考场里。"韩其相醒来后,急忙整理回家的行李。韩其相在江上坐船时很顺利,到八月二号时,已经到达杭州,随即被作为遗漏的人才允许进入考场参加考试,最终果然考中。第二年,韩其相生下一个儿子。后来,韩其相常常在公堂的幕僚面前说起做过的这个奇怪的梦。

✱ ✱

妙笔点评

故事以韩其相前后不同的梦境,意在宣扬所谓的因果报应之说。在今天,对我们仍然不无启发意义。人非圣贤,孰能无过? 所以,人与人相处的时候,理当以慈悲宽厚为怀,宽容别人的缺点和不足,而不能苛刻待人。

复名篇

失 名 篇

卷书"状"字

【经典原录】

江南郁生负①儁②才,睥睨③侪④辈,七试膺首荐,辄⑤为主司摈⑥黜。乾隆丁卯科入闱⑦,脱稿后,文甚⑧佳,自信必售⑨,忽见魁星⑩跳舞其前曰:"汝⑪明春状元也。可书'状元'二字于我掌上。"生大喜,捉⑫笔才书一"状"字,魁星倏反手扑印卷面而去。遂⑬登蓝榜⑭,以是懊恨而死。盖生善刀笔,每⑮唆人争讼,代作状词也。

失
名
篇

【难点简注】

① 负:倚仗。

② 儁:"俊"的异体字,才智出众。

③ 睥睨:斜视,有厌恶或傲慢意。

④ 侪:同辈。

⑤ 辄:总是,常常。

⑥ 摈:排斥,抛弃。

⑦ 闱:科举考试的地方。

⑧ 甚:副词,很,非常。

⑨ 售:实现。

⑩ 魁星:中国古代神话中的神。后来被称为主宰文章兴衰的神。

⑪ 汝:你。

⑫ 捉:握。

⑬ 遂:于是。

⑭ 蓝榜:清代科举考试榜文名目之一。乡试制度规定,考生缮写试卷有一定的规格,设有违式,如题目写错,真草不全,越幅(中间有空页)曳白(白卷),污损涂抹,以及首场考试的各篇文章起讫虚字相同,二场丧失年号,三场策题讹写,或行文不避庙讳、御名、圣人讳等,经受卷所至对读所叠次查出,即将违式考生的名单,在贡院外墙榜示,称为蓝榜。凡是在第一、第二场被列入蓝榜的考生即除名,不能继续参加下场考试,不在录取之列。

⑮ 每:常常。

【释古通今】

卷书"状"字

　　江南有一个姓郁的书生倚仗自己才智出众,看不起同辈,结果七次参加考试时,虽然考了第一,却常常受到主考官的贬黜。乾隆丁卯那一年,他又来参加科举考试,考场上答完试卷后,觉得自己的文章写得很好,相信自己必定能够如愿考中,忽然看见魁星在他的前面舞蹈,对他说:"你是明年春天那场考试的状元。你可以把'状元'这两个字写在我的手掌上。"书生十分高兴,拿起笔就来写字,当他才写了一个"状"字时,魁星突然反手把字印在试卷上,然后就走了。因为试卷上写有其他的字,违反了考试的规定,因此书生的名字上了蓝榜,被取消了考试资格,他也因为懊悔而死了。他的试卷上之所以会写上一个"状"字,大概是因为书生平时擅长写公案文书,常常怂恿别人打官司,还替人写状词。

* *

　　　　　　江南郁生恃才放旷,鄙视他人,因而屡次受到贬抑。谦虚使人进步,骄傲使人落后。所谓学海无涯,学无止境,所以,任何时候都不能狂妄自大,自视清高,应该谦虚谨慎,虚心求教,才能不断获得更多的知识,增长自己的才干。

卷有三字

【经典原录】

浙西某生授徒他郡,一夕归家,疑妻有外遇,跳踉①奋击,妻展转乞哀,手握一鞋而毙。后在闱中,见妻掀帘入,蓬②头跣③足,握鞋如死时,数④之曰:"尔⑤残刻无良,吾已诉之冥司,尚⑥望功名耶?"某稽首⑦乞哀,妻以掌授之曰:"吾奉命来,难以空返,可书'我来矣'三字于上,得以覆⑧命,我即去耳。"生捉笔书之,遂不见,审视乃书于卷上也。

【难点简注】

① 跳踉:腾跃跳动。

② 蓬:散乱,蓬松。

③ 跣:赤脚。

④ 数:一一列举。

⑤ 尔:你。

⑥ 尚:还。

⑦ 稽首:古代的一种礼节。跪下,拱手至地,头也至地。

⑧ 覆:答,回复。

【释古通今】

卷有三字

浙西有一个书生在异乡教授学徒,有一天晚上回家后,怀疑妻子有外遇,便跳着打妻子,妻子苦苦哀求,最后手里拿着一只鞋子死了。后来,书生在考场上,恍惚中看见妻子掀开帘子进来,散乱着头发,光着脚,拿着鞋子的样子就像死的时候一样,一一列举他的过错说:"你残忍狠毒,我已经在冥司那里告了你一状,你还奢望获得功名吗?"书生跪在地上磕头乞求,妻子伸出手来,说:"我是奉了冥司的命令来的,不便空手而回,你可以在我的手上写'我来矣'三个字,这样我就能回去向冥司交差了,等你写完,我会离开。"于是,书生拿起笔写下这三个字,然而等到写完后,却不见字迹,仔细一看,发现这些字原来都写在了试卷上。

书生因为怀疑妻子,竟然将她残害致死,可谓狠毒之极。故事就借助考场奇遇,说明了书生终致恶报的下场。所谓善有善报,恶有恶报。人应当虚怀若谷,以仁爱之心善待别人,从而在相互之间架起沟通的桥梁,达到彼此的理解和宽容。

卷有四字

【经典原录】

顺治辛卯,蒋虎臣太史主试浙闱①,见一卷甚②击节③,业④已定元。俟⑤二场不至⑥,传询外帘⑦,知以卷面有"好谈闺阃⑧"四字被贴⑨。榜发后，召本生询之，云："某亦不知。但坐号内，见有妇人，入号磨墨。未几⑩，妇人去，而卷面已有此四字。"蒋大诧异，心知其平时必喜造言毁谤，而妇人有衔恨⑪至死者。因为子孙辈谆谆⑫相戒云："凡人有过，不可指摘，况闺阃乎？故谈闺阃者，无论其事之有无，而罪必不可恕矣。以一言而丧⑬终身功名，可不畏哉？"

【难点简注】

① 阃：科举考试的地方。

② 甚：副词，很，非常。

③ 击节：点拍。这里用来形容对别人文章的赞赏。

④ 业：已经。

⑤ 俟：等，等待。

⑥ 至：到。

⑦ 外帘：明清制度，乡试、会试时有内帘官、外帘官之分，通称帘官。内帘在至公堂后，有门，加帘以隔之。内帘为主考或总裁及同考官所居，主要职务为阅卷，并有内提调、监试、收掌等官，以管理试卷等事。外帘为监临、外提调、监试、收掌、誊录等官所居，以管理考场事务。

⑧ 阃：妇女居住的内室。

⑨ 贴：即"贴出"。科举考试时，凡有夹带、冒名顶替及试卷违式者被摈斥场外，不准考试。

⑩ 未几：旋即，不久。

⑪ 衔恨：怀恨。

⑫ 谆谆：教诲不倦的样子。

⑬ 丧：失去。

【释古通今】

卷有四字

顺治辛卯那一年,蒋虎臣太史主持浙江的考试,第一场考试结束后,其中有一份试卷他很赏识,便确定这个考生为第一名。然而,蒋虎臣一直等到后面的两场考试都结束了,这个考生仍然没有再来参加考试,便询问外面的考官,才知道这个考生的试卷上写有"好谈闺阃"四个字,因而被取消了考试资格。等到公布录取名单后,蒋虎臣把这个考生召来询问原因,考生回答说:"我也不知道是什么原因。只是我坐在自己的座位上,忽然看见一个妇女来到我考试的地方,研磨墨汁。不久,妇女走了,而我的试卷上却已经写下了这四个字。"蒋虎臣听了,非常诧异,心里明白这必定是因为考生平时喜欢造谣毁谤别人,以至于有的妇女含恨而死的缘故。随后,蒋虎臣就拿考生的这件事教诲、劝诫子孙说:"每个人都会有过错,然而我们不能妄加指责,何况是闺门内的事呢?所以,凡是谈论闺门之内的事的人,无论所谈论的事有没有,这个人的罪过都是不可饶恕的。因为一句话而导致丢掉终身的功名,难道不让人觉得可怕吗?"

※※※※※※※※※※※※※※※※※※※※※※※※※

妙笔点评

俗话说,闲谈莫论他人非。孔子也曾经说过:"见贤思齐,见不贤而内自省也。"对于别人的过失,幸灾乐祸地加以指责,这种态度是不可取的,而应当从中汲取教训,以警戒和激励自己。

失名篇

不成一字

【经典原录】

沈康,富家子也,灵敏能文章,见者期①以大器②。康日与燕朋往来,非寻花问柳,即樗蒲③酣饮,父责之不改。入闱④之夕,康梦朱衣神曰:"子今科榜首也,不率⑤严训,令老亲终日忧郁,上帝已黜子科名矣。尚⑥望中⑦耶?"康寤⑧,神沮⑨,不能成一字,白卷贴出⑩。

【难点简注】

① 期:期望。

② 大器:比喻能够担当大事的人才。

③ 樗蒲:古代指赌博。

④ 闱:科举考试的地方。

⑤ 率:遵循,沿着。

⑥ 尚:还。

⑦ 中:考中。

⑧ 寤:醒。

⑨ 神沮:神情沮丧。

⑩ 贴出:科举考试时,凡有夹带、冒名顶替及试卷违式者被摈斥场外,不准考试。

【释古通今】

不成一字

　　沈康出身于富贵之家,聪明睿智,能写一手好文章,凡是见到他的人都认为他将来能成大器。然而,沈康整天和一帮狐朋狗友来往,不是寻花问柳,就是赌博喝酒,他的父亲责备他,他仍然不思悔改。在他参加科举考试的前一天夜里,梦见一个穿着红色衣服的神仙对他说:"你本来是这一次科举考试的第一名,但是因为你不听从父亲的教诲,使你的父亲整天为你而忧心忡忡,所以,上帝已经取消了你的功名。你还敢奢望考中吗?"沈康醒来后,神情沮丧,第二天在考场里竟然写不出一个字,最终交了白卷,被取消了考试资格。

妙笔点评

　　有才却不知好好珍惜,不思进取,玩物丧志,最终反而会贻误了自己。故事中的沈康就是前车之鉴。因此,后天的学习同样重要,不可忽视。只有坚持不懈地去做,认认真真地往好的方面努力,才能成大器,实现自己的人生价值。

失名篇

结句骇人

【经典原录】

　　天门诸生①聂某夙②振文名,设帐③同邑邹绅家。邹需次④铨曹⑤,止⑥女婢供役使,聂挑⑦之,邹妻詈⑧而辞焉。聂思掩盖其非,扬言曰:"邹夫人效尤⑨文君,我耻学相如,遂⑩托故归耳。"邹返,闻之愤甚⑪，诣⑫城隍焚牒⑬申诉。夜梦神告曰："渠⑭天禄颇高，非我能制，可赴府诉之。"邹寤⑮，如神言。一日，聂方⑯在书舍，忽战慓大呼曰："有府役传讯，不可缓。"即瞑目狂奔，家人挽之不止，若有驱逐者。抵⑰郡，泥首⑱神前，自批⑲其颊，述前后事甚悉⑳，观者如堵㉑。邹乃具㉒扁额，以答神佑。学使来郢，岁试㉓题为《我四十不动心》，阅聂文颇佳，欲置前茅㉔，结句忽云："今试置夫子于花街柳巷中，燕姬在前，赵女在后，夫子之心动乎不动？曰：'动、动、动。'"学使大骇，置诸㉕劣等。遂发狂，自言冥差来拘，竟㉖自刎死。

【难点简注】

① 诸生：明清时称已经入学的生员。

② 夙：平素，过去。

③ 设帐：开馆执教。

④ 需次：旧时指官吏授职后，按照资历依次补缺。

⑤ 铨曹：铨，量才授官。曹，分科办事的官署。

⑥ 止：只，仅仅。

⑦ 挑：挑逗，引诱。

⑧ 詈：责备。

⑨ 效尤：仿效错误。尤，错误。

⑩ 遂：于是。

⑪ 甚：副词，很，非常。

⑫ 诣：到。

⑬ 牒：谱籍。

⑭ 渠：第三人称代词，他。

⑮ 寤：醒。

⑯ 方：正在。

失名篇

⑰ 抵:到,到达。

⑱ 泥首:顿首至地。

⑲ 批:用手打。

⑳ 悉:详尽。

㉑ 如堵:形容人多而密集。堵,墙。

㉒ 具:准备,备办。

㉓ 岁试:也称"岁考"。清代各省学政巡回所属举行的考试。凡是府、州、县的生员、增生、廪生都必须参加岁考。

㉔ 前茅:考试成绩优秀,名次在前。

㉕ 诸:之于。

㉖ 竟:终于。

【释古通今】

结句骇人

　　天门有一个姓聂的生员,过去就以文章出名,在同乡邹绅的家里办了一个私塾,授徒讲学。因为邹绅递补到外地做官去了,家里只留下一个婢女侍奉姓聂的,谁知姓聂的挑逗婢女,邹绅的妻子责备了他,把他辞退了。姓聂的想掩盖自己的过错,便扬言说:"邹夫人错误地仿效卓文君,而我耻于学习司马相如,所以我找了个借口就回来了。"邹绅回家后,听说了这件事十分生气,到城隍庙里烧掉牒谱,向神仙诉说情况。到了夜里,邹绅梦见神仙告诉他说:"姓聂的书生享受的禄位比较高,我节制不了他,你可以到衙门里去告他。"邹绅醒了之后,就按照神仙的话去做了。有一天,姓聂的正在书房里,忽然颤抖起来,大声呼喊说:"有府里的差役来传讯我,而且不允许我拖延时间。"随即闭上眼睛狂奔,家里的人没有能够拉住他,看他奔跑的样子,好像后面有人在追赶着他似的。到了城里,姓聂的跪在神像面前磕头,开始打自己的脸,详细地自述事情的前前后后,一时之间，围观的人就像一堵墙一样。事情过后，邹绅准备了一块扁额，用来答谢神仙的保佑之恩。负责管理教育的官吏来到郓地，确定今年岁试的考题为《我四十不动心》，当读到姓聂的文章时，觉得写得比较好，便想把他的名次排在前面，这时候又忽然看见文章的结尾写道："如今，如果尝试着把孔夫子放在花街柳巷中，前面有燕地的美女，后面有赵地的美女，那么孔夫子到底动心还是不动心？孔子说：'动心、动心、动心。'"官吏看到这里，大吃一惊，于是把姓聂的名次放在了劣等里。姓聂的最终发了狂，自言自语说有阴间里的官差来逮捕他，终于自杀了。

妙笔点评

故事中的主人公是个品行不端，而且不思悔改的人，竟然大言不惭，图谋掩饰自己的过失。最终他不能顺利考中，也落得个不得善终的下场。可见，修身多么重要。它告诫人们，人不可做出邪僻之事，若已经犯下错误，也应该能够知错即改，诚心悔过。

无母之人

【经典原录】

明詹公子某，因其寡嫂十八岁守志，抚养幼叔，恩勤倍至。少年中乡榜时，尚①以寡嫂为重，后不尊敬寡嫂，自是屡②科不中，又后几科始中进士。然其才高貌美，诗古文字无一不善，胪唱③日，众荐为大魁，上不允，而荐者不已④，上以卷投地曰："天下岂有无母的状元？盖殿试策中，"天地父母"四字，独失"母"字，众皆不见耳。"降

第二甲,选县令,二年不得其死。噫⑤! 使非负寡嫂之恩,焉知不大魁天下,而久享富贵乎? 惜哉!

【难点简注】

① 尚:尚且。

② 屡:多次。

③ 胪唱:科举时代,进士殿试之后,按甲第唱名传呼召见,叫"胪唱"。也叫"传胪"、"胪传"。

④ 已:止,停止。

⑤ 噫:叹词,表示感叹。

【释古通今】

失 名 篇

无母之人

明代有一个姓詹的公子,因为他的嫂子自从十八岁时就守寡在家,辛勤抚养着年幼的他,对他关怀备至。少年的他在乡里考了好名次时,尚且能够敬重守寡的嫂子,但是,后来他就开始不尊敬嫂子了,随后,他屡次不能考中,一直到后来的几次考试才中了进士。他才气过人,再加上长得英俊,作诗和古文字都很精通,殿试后,等到皇帝召见的那天,众人都推荐他为状元,然而皇帝不批准,推荐的人仍然不肯罢休,最后,皇帝把他的试卷扔到地上,不耐烦地说:"天下哪里有没有母亲的状元呢? 在殿试的考卷里,"天地父母"这四个字,他写的唯独少了一个"母"字,只是你们这些大臣都没有看到而已。"随即,姓詹的公子被皇帝降为第二甲,选做县令,两年后就死了。唉! 如果姓詹的公子没有辜负守寡的嫂子的恩德,怎么能知道他如今不会天下夺魁,而永久地安享富贵呢? 可惜啊!

＊　＊　＊　＊　＊　＊　＊　＊　＊　＊　＊　＊　＊　＊　＊　＊　＊　＊　＊

妙笔点评

詹公子得到嫂子的辛勤抚养，算得上是恩德厚重，然而，他竟然不思回报恩情，不尊敬嫂子，可谓薄情寡义之人。俗话说，受人滴水之恩，当以涌泉相报。人应当以感恩之心来体悟他人的德惠，知恩图报，做个有情有义的人。

卷为粉碎

【经典原录】

失名篇

张安国有文学而无行检①，淫一邻女，致女死于非命。后应试，主司奇其文，欲取作元，忽闻空中叱曰："岂有淫人害人之人作榜首者耶？"主司忽仆②地，及③甦④，起视其卷，已裂为粉碎矣。放榜后，主司呼安国告其故，安国惭愧而卒⑤。

【难点简注】

①　检：收敛，检点。

②　仆：向前倒下。

③　及：等到。

④　甦：苏醒。

⑤　卒：死。

【释古通今】

卷为粉碎

　　张安国有文才，然而行为不检点，曾经玷污了一个邻居家的女儿，致使女子死于非命。后来，张安国参加科举考试，主考官欣赏他的文章写得好，便想把他录取为第一名，忽然听到空中有人叱责说："哪里有淫恶并残害别人的人做第一名的呢?"主考官突然倒在地上，等到苏醒过来，再来看张安国的试卷，发现试卷已经变为粉碎了。在录取的名单公布后，主考官把张安国找来，告诉他情况，张安国听了十分惭愧，随后就死了。

妙笔点评　　张安国有才而无德，终遭恶报，考试不能被录取。可见，对于一个人来说，品德是至关重要的，即使才高八斗，也是枉然。倘若无德，只会贻误自己，也害了别人。因此，今人理当内外兼修，力争使自己成为德才兼备的有用人才。

失名篇

三不羞

【经典原录】

　　浙江吕盈之性好矜①夸。一夸能诗，遇景觅句，到处留题。一夸博古，高谈阔论，漫无根据。一夸家世，太公是其始祖，夷简公是其近宗。人皆笑之，彼靦然②自若③也，因皆呼为"三不羞"。时逢科试，偶得列名，遂④欣欣得意，逢人自矜曰："此番入闱⑤，当压倒群英矣。"赴省,寓居湖侧,日览游女,艳者访其姓氏登记之。每当醉后,按册狂言曰:"我登第⑥做官,丑妻岂堪⑦作配?某女系上选,当谋为夫人。某女为次选,当谋作妾媵⑧。某之良田,某之华屋,皆可占而有也。"一夜,房主梦神告曰:"'三不羞'未得功名,便思弃妻,且妄兴渔色⑨、侵产恶念,已付火神处分矣。尔⑩宜速遣之,庶⑪尔室不同付灰烬也。"次日,房主忆神语,退还租钱,善言婉辞,吕犹⑫作大言曰:"新科解元⑬尔不相与⑭,真无识之人也。"忿怒而去。遂迁寓僧舍,酒醉酣眠,灯煤落于书卷,延烧床帐,僧众惊起,救出已半焦矣,不能入闱,扶病⑮而归。浑身变成恶疮,秽气逼人,其妻难与同住,另室而处,日卖田产医治。久不能痊,死后人犹掩鼻。由此以观,吕欲弃妻而反为妻所弃,欲占人产而自卖其产,娇妻美妾未曾到手,先作负痛之鬼。天之报施不爽⑯毫发,洵⑰可畏也。

【难点简注】

① 矜:夸耀。

② 觍然:形容脸的样子。

③ 自若:像自己原来的样子,不变常态。

④ 遂:于是。

⑤ 闱:科举考试的地方。

⑥ 登第:考中进士。

⑦ 堪:能够,可以。

⑧ 媵:古代剥削阶级妇女出嫁时随嫁的人。

⑨ 渔色:指猎取美色的行为。

⑩ 尔:你。

⑪ 庶:表示可能或希望。

⑫ 犹:还,仍然。

⑬ 解元:科举考试称乡试的第一名为解元。

⑭ 相与:相交往。

⑮ 扶病:带病勉强行动或做事。

⑯ 爽:差错。

⑰ 洵:确实,的确。

【释古通今】

三不羞

浙江吕盈之喜欢夸耀自己。第一,他喜欢夸耀自己能够写诗,看到景物便构思诗句,到处题写他的诗。第二,他喜欢夸耀自己的学识渊博,往往高谈阔论,却是漫无根据。第三,他喜欢夸耀自己的家世,说太公是他的老祖先,夷简公是与他血缘关系很近的祖先。大家都笑话他,而他却神态自若,因此,人们都称呼他为"三不羞"。适逢科举考试,他偶然得了一个名次,便洋洋得意,见人就夸自己说:"这次考试,我一定会压倒群英,能够一举夺魁。"到了省城,吕盈之寄居在湖畔,每天看来往游览的女子,遇到漂亮的女子时,他就询问人家的姓名,并且记录记下来。每当他喝醉之后,会按着记录的本子狂言道:"如果有朝一日我考中了进士,做了官,我的丑陋的妻子怎么还能做我的配偶呢? 某个女子是最好的人选,我应当想办法娶她做夫人。某个女子是其次的人选,我应当想办法娶来做小妾。某人的好田地,以及某人的漂亮屋子,将来我都可以拥有。"一天夜里,旅馆的主人梦见神仙说:"'三不羞'现在还没有考取功名,便想着要抛弃妻子,而且竟然产生了猎取美色、侵占别人财产的念头,我已经把他交给火神处分了。你应该赶快把他赶走,只有这样,你的旅馆才能避免一场火灾。"第二天,旅馆的主人想起了梦中神仙说的话,就退还了吕盈之的租金,好言相劝,要赶他走,而吕盈之却仍然说着大话:"我这个新科解

失名篇

元你都不愿意交往,你真是个没有见识的人。"怒气冲冲地拂袖而去。随后,吕盈之搬到庙里与和尚一起住,喝醉了酒便呼呼大睡,不料灯灰落在了书上,因为火势蔓延,又烧到床帐上,和尚都被惊醒了,等到把他救出来,他已经烧得半焦了,自然不能再去参加考试,只好勉强撑着回到家。这时候,吕盈之浑身已长了恶疮,臭气逼人,他的妻子难以和他住在一起,就住到别的房子里,每天必须变卖田产来给他治病。过了很久,吕盈之的病也没有痊愈,等到死的时候臭气熏天,人们仍然需要掩起鼻子。由此来看,吕盈之想抛弃妻子,却反而被妻子所抛弃,他想侵占别人的财产,却反而不得不变卖自己的财产,娇妻美妾还没有娶到手,他就先做了痛苦而死的鬼。上天对人的报应竟然丝毫不差,确实让人心生敬畏。

* *

妙笔点评

吕盈之的故事告诉我们,自得意满往往看不到别人的优点,自然也学不到他人的长处,最终只会误了自己。而不能脚踏实地地去做事情,只是做不切实际的幻想,或者妄想得到不正当的东西,都是不对的。为人理当端正态度,洁身自好,严格要求自己,一步一个脚印地不断追求进步。

店主不礼

【经典原录】

宋李元善属文①,赴省试②,道过衢州。店主梦土地告曰:"明日有李秀才至,科甲中人,可善待之。"明日李至,店主款待甚盛,给以盘费。李曰:"何厚爱如此?"主人告以故,李大喜,因思登第③做官,妻貌丑不堪④作夫人,当更⑤娶一美者方可。去后,店主复梦土地

曰:"李某用心不善,功名未遂⑥,更欲弃妻,削去功名矣。"及⑦李试
回⑧,店主不为礼,生问故,曰:"土地知汝⑨有弃妻之意,功名不可得
也。"李乃⑩大惊而去。

【难点简注】

① 属文:写文章。

② 省试:唐宋时,各州、县贡士到京师,由尚书省的礼部主持考试,通
   称"省试",相当于明清时的会试。

③ 登第:考中进士。

④ 堪:能够,可以。

⑤ 更:再。

⑥ 遂:成就,顺利做到。

⑦ 及:等到。

⑧ 回:同"回"。

⑨ 汝:你。

⑩ 乃:于是。

⑪ 按:按语。

⑫ 安:哪里。

【释古通今】

店主不礼

宋代的李元善于写文章,到京师参加礼部主持的考试,路过衢州时,
住在一家旅馆里。旅馆的主人梦见土地爷告诉他说:"明天会有一个李
秀才来住店,他是个有功名的人,你可以好好地招待他。"第二天,李元来
住店,旅馆的主人盛情款待,还送给他路上用的盘缠。李元奇怪地问主

人:"你为什么对我这么好?"主人告诉他原因,李元听了十分高兴,便开始想着自己考中进士做官之后,自己的妻子长相丑陋,不能再做他的夫人,应当另外娶一个漂亮的女子才好。他走后,旅馆的主人又梦见土地爷对他说:"姓李的书生用心不良,还没有博取功名,就准备抛弃妻子,现在他的功名已经被削去了。"等到李元考完试回家,再次路过这家旅馆时,旅馆的主人对他不理不睬,李元询问原因,主人回答说:"土地爷知道你产生了抛弃妻子的念头,所以你这一次不可能考取功名了。"李元大吃一惊,灰溜溜地走了。

李元虽颇有文才,然而心存不良,最终不能考中。故事假托旅馆主人的两次梦境,意在告诫众人不可有邪佞之心,应该端正自己的为人处世态度,增强自觉意识,提高自身修养,始终坚持走正道。

失名篇

革退举人

【经典原录】

浙中一孝廉[1],有友窥某妻色殊绝,计欲得之,孝廉为画策。飞语入某之耳,谓其妻有所私,某欲出妻,商于孝廉,复力主之,为作离书。既②脱稿,某手录去。适③卖笔者至,购选毫④,以脱稿塞管⑤中。越三年,为顺治戊戌会试,携笔入闱⑥,忘其脱稿之在内,搜者得之。以违功令,杖责荷⑦枷,革退举人。

【难点简注】

① 孝廉:明清时对举人的称呼。

② 既:已经。

③ 适:碰巧,正赶上。

④ 毫:毛笔。

⑤ 管:特指笔管。

⑥ 闱:科举考试的地方。

⑦ 荷:带着。

【释古通今】

革退举人

　　浙江一带有一个孝廉,他的朋友看见某人的妻子长得美妙绝伦,想得到她,孝廉便为朋友出谋划策。某人听到一些流言蜚语,说他的妻子和别人有私情,某人一气之下准备赶走妻子,来和孝廉商量办法,孝廉便在某人面前煽风点火,极力主张某人赶走妻子,还装模作样地为他起草离婚协议。等孝廉写好了协议,某人手抄一份后,就走了。恰巧有一个人来卖毛笔,孝廉就买了一支毛笔,顺手把写好的离婚协议的原稿塞在了笔管里。三年之后,也就是顺

治戊戌那一年,孝廉参加会试,带着毛笔进入考场,却忘了离婚协议的原稿还在笔管里,结果就被考官搜了出来。因为这违背了考场纪律,考官便用木杖鞭打他,给他戴上枷锁,还取消了他举人的名号。

❉❉❉❉❉❉❉❉❉❉❉❉❉❉❉❉❉❉❉❉❉❉❉❉❉

妙笔点评

故事里的孝廉明明知道朋友的不对,不加以劝阻,反而为虎作伥,还趁机怂恿某人赶走妻子,以帮助朋友,最终他自己也得到了恶报。他名为孝廉,实则无德行,这实际上也给我们一个警醒——在增长自己的学识的同时,还要重视自身修养的提高,二者不可偏废,其中,后者往往更为重要。

失名篇

假冒虚名

【经典原录】

　　伪名士宋继濂,人呼为"宋三好",谓其生得一副好面貌,飘飘若神,人皆乐近;一双好手,落笔琳琅①,酷似赵雪松;一张好口,随机应变,对答不穷。又且家道富足,挥金结交,开万春园,延接②天下,能文名宿③,藏俻其中。评选时艺④,刻以己名,一时海内之士,皆奉为程式⑤,非宋继濂先生所笔削⑥,不置案头。其为人所景仰如此。乡试主司慕其名,欲收为门下,预送三场题目。宋央⑦能文者作就⑧,至场中照稿誊真⑨。榜发,果得高选。因经艺有犯忌处,故未得抢⑩元,主司犹咄咄⑪抱憾。会试亦因名重,遂提南宫⑫。殿试策字,画端妍,钦点探花⑬,居翰苑。宋囊⑭时犹良心未泯,自知假冒虚名,待人谦和。迨⑮居鼎甲⑯,遂忘本来面目,大言不惭,俨然真名士矣。后天子临轩⑰,试诸翰林《日月五星赋》。宋又央同试者代作,作者将稿又另与⑱一人,进呈御鉴,查出宋卷与某卷雷同,发刑部严审。宋不敢供出代笔之人,与某俱供拾诸地下,彼此抄袭两出不知,奏上。奉旨如某者,系少年无名之人,尚可原宥⑲,宋继濂负海内重望,乃盗袭地下弃文,以为己有,无耻极矣,著⑳革职。宋遂终身不振㉑。

【难点简注】

① 琳琅:比喻美好珍贵的东西。

② 延接:延,邀请。接,接待。

③ 名宿:有名的老前辈。

④ 艺:犹言"文"。

⑤ 程式:模式,法式。

⑥ 笔削:笔,记载。削,删除。古时文字写在竹简上,删改时要用刀刮去竹上的字,故叫削。后来常常用作请人修改文章之辞。

⑦ 央:恳求。

⑧ 就:完成,达到。

⑨ 真:正楷。

⑩ 抡:挑选,选拔。

⑪ 咄咄:叹词,表示悲叹。

⑫ 南宫:尚书省。

⑬ 探花:科举考试的一甲第三名。

⑭ 曩:以前,过去。

⑮ 迨:及,到。

⑯ 鼎甲:古时科举考试一甲有三名,分别为状元、榜眼、探花。又因鼎有三足,故名。

⑰ 临轩:古时皇帝不坐正殿,而在殿前平台上接见臣属,叫临轩。

失名篇

⑱ 与:送给,给与。

⑲ 原宥:原,原谅。宥,宽恕,原谅。

⑳ 著:"着"的本字。命令辞,旧时公文里常用。

㉑ 振:奋起。

【释古通今】

假冒虚名

假名士宋继濂,被人们称为"宋三好",他之所以有这样的绰号,是因为他长了一副好面孔,就像仙人一般,大家都愿意接近他;他有一双生花妙笔的巧手,写出来的字都很好,极似赵雪松;他又有一张能言善辩的好嘴巴,能够随机应变,对答如流,说起话来滔滔不绝。再加上宋继濂家里富裕,肯花钱结交朋友,开设万春园,邀请接待天下人,凡是能写文章的有名的老前辈,都被他邀请过来。宋继濂评点当时的文章,然后刻上自己的名字,一时之间,全国的人都纷纷仿效他的做法,如果不是宋继濂先生所修改过的文章,大家都不放在书桌上阅读。宋继濂受到当时的人的景仰就是这个样子。乡试的主考官仰慕宋继濂的名气,想把他收作徒弟,便提前给他送去三场考试的题目。宋继濂恳求善于写文章的人替他写好,到考场上,他把早就写好的稿子用正楷誊写下来。等到录取名单公布后,宋继濂果然名次排在前面。只是因为他的试卷里有一些触犯忌讳的地方,所以这一次没有被录取为第一名,主考官为这件事而不停地感叹,替他遗憾。会试的时候,因为宋继濂的名望很高,被提拔到尚书省。殿试时,宋继濂考试写字,他写得确实漂亮,皇帝就钦点他为探花,在翰林院里居住。以前,宋继濂还没有泯灭良心,知道自己是徒有虚名,为人还算谦虚和气。但是,等到考中进士后,宋继濂便忘了自己的本来面目,竟然大言不惭,好像他真的成了一个名士似的。后来,皇帝在殿前的平台上接见大臣,出了一个《日月五星赋》的题目,来考试翰林们。宋继濂又恳求和他一起考试的人替他写文章,作者却将稿子另外又送了一个人,结果送给皇帝阅览时,就被查出来他的试卷与某人的一样,皇帝下令交给刑部严加审问。宋继濂不敢供出代他写文章的那个人,和某人都招供说是在地上捡到的,因为彼此不知道同时抄袭了这张纸,才会送给皇上阅览。事情察明后,皇帝下诏说,因为某人是年轻的无名小辈,尚且可以宽恕,而宋继濂身负天下人的厚望,竟然剽窃扔在地上的文章,据为己有,极其无耻,命令免去他的职务。从此以后,宋继濂一蹶不振,默默无闻,一直到死。

❋❋❋❋❋❋❋❋❋❋❋❋❋❋❋❋❋❋❋❋❋❋❋❋❋❋❋

妙笔点评

假名士宋继濂可谓特出于众人,然而,他不知道珍惜自身拥有的财富,竟然假冒虚名,终致事情败露,身名俱毁。可见,假的东西是不可能长久的。意图靠投机取巧,蒙混过关,其结果只能是自取其辱。惟有老老实实,脚踏实地地做事,才是正道。

失名篇

行止有亏

【经典原录】

康熙癸未,江南士子赴都会试。解元①某负②才傲物,陵轹③同辈,每④曰:"今岁状元,舍我其谁?"同辈不堪⑤其侮。既⑥至京师,试期且⑦近,同舍生夜梦文昌帝君升殿传胪⑧,及唱⑨名,则某果状元也,同舍生意窃⑩不平。未几⑪,有女子披发呼冤曰:"某行止有亏,不可冠⑫多士⑬,须另换一人。"帝君有难色,顾⑭朱衣神问之,朱衣神曰:"万历间亦有此事。以下科状元,移至上科,其人早中三年,减寿六岁。此例今可照⑮也。"遂⑯重唱名,状元为王式丹。旦⑰起,某大言如常。同舍生告之以梦,某失色曰:"此冤孽难逃,匪特^⑱不思作状元,并不复应试矣。"亟^⑲束装归,半途而卒^⑳。是科果王式丹也,寿六十。

【难点简注】

① 解元:科举考试称乡试的第一名为解元。

② 负:倚仗,倚恃。

③ 陵轹:陵,侵犯,欺侮。轹,欺压,欺凌。

④ 每:常常。

⑤ 堪:经受得起。

⑥ 既:已经。

⑦ 且:将,将要。

⑧ 传胪:科举时代,进士殿试之后,按甲第唱名传呼召见,叫"传胪"。也叫"胪唱"、"胪传"。

⑨ 唱:高呼。

⑩ 窃:暗中,偷偷地。

⑪ 未几:没有多长时间,不久。

⑫ 冠:位居第一。

⑬ 多士:众多之士,指百官。

⑭ 顾:回头看。

⑮ 照:依照,按照。

⑯ 遂:于是。

⑰ 旦:早晨。

⑱ 匪特:匪,非,不是。特,只,仅仅。匪特,即不但,不仅。

⑲ 亟:同"急",急忙。

⑳ 卒:死。

【释古通今】

行止有亏

康熙癸未那一年,江南的读书人都到京城参加会试。有一个解元倚仗自己的才气,十分傲慢,欺侮同辈人,常常说:"今年的状元,如果不录取我,还会有谁能够考中呢?"同辈的人都不能忍受他的欺侮。到达京师后,快到考试日期的时候,有一天夜里,和解元住在一起的书生梦见文昌帝君升堂宣布录取名单,等到说状元的名字,果然是这个解元考中了,书生心里暗自愤愤不平。不久,有一个女子披散着头发,前来喊冤说:"这个解元的行为有过失,不能让他位居其他人之上,考中第一名,必须另外换一个人。"文昌帝君听了,显得有些为难,回头看了看穿着红色衣服的神仙,问他是否可以把状元换成另外一个人,神仙回答说:"明代万历年间,曾经有过这样的事。也就是把下一次科举考试的状元,移到上一次考试中来,让这个人提前三年考中,给他减少六年的寿命。现在可以按照这个例子来办这件事。"于是,又重新宣布录取名单,把状元改为王式丹。解元第二天早上起来,仍然像以前一样说着大话。和他住在一起的书生告诉他自己夜里做的梦,解元听了之后,大惊失色,说:"这是我不能逃脱的孽债,我不但不能再想着会考中状元,而且也不能再去参加考试了。"随即匆匆收拾行李回家,走到半路的时候,就死了。这一次考试的录取名单公布后,状元果然是王式丹,总共活了六十岁。

故事里的这个解元恃才放旷,骄傲自满,看不起同辈,这样的处事态度是值得批判的。所谓骄傲使人落后,人无完人,任何人都会有缺点,只有谦虚向别人求教,才能弥补自己的不足之处。

失名篇

受贿杀人

【经典原录】

　　常州江阴俞生，乾隆某科南闱①乡试②，甫③毕头场，即治任。众怪而问之，言语支吾，而色甚④惨沮。力诘⑤之，不得已始告曰："言之痛矣。先君宦游半世，解组⑥而归。病革⑦时，呼予兄弟四人至⑧榻前决嘱曰：'吾平生无昧心事。惟任某县令时，曾受贿二千金，冤杀二囚，为大罪恶。昨诣⑨冥司对案，阴报当绝嗣，以祖上有拯溺功，仅留一子，单传五世，不得温饱。吾地狱之苦，已不得脱，子孙或不知命，妄想功名，适益⑩吾罪，非孝慈也。汝⑪兄弟其⑫各勉为善事而已。'言讫⑬而瞑⑭。后兄弟继死，唯我仅存。乡试二次，悉被污卷。昨三更脱稿，倏一人披帷入，惊视之，乃⑮先君也，颜色愁苦，责予曰：'汝既不能积德累功，挽回⑯天意，奈何忘我遗嘱，致我奔走道路，辛苦备尝，且重获罪？若再不悛⑰，祸即旋踵⑱矣。'随以手械⑲一击，烛灭砚翻，遂⑳失所在。予今年二十有五，三登蓝榜㉑，不足为恨㉒，所痛先人负谴，拘系九幽，行㉓当削发入山，披缁㉔出世，学目莲大士㉕，救拔亡灵。幸㉖诸君垂㉗鉴此衷㉘焉。"众闻咋舌㉙。同号陈扶青作《归山诗》以送之。

【难点简注】

① 南闱：明代国子监分设南、北二京，称南监、北监。因为参加考试的多是监生，所以称南、北二京的乡试为南闱、北闱。

② 乡试：明清两代每三年一次在各省省城（包括京城）举行的考试。考期在八月，分三场。考中的称为举人。

③ 甫:始。

④ 甚:副词,很,非常。

⑤ 诘:责问。

⑥ 组:丝带。

⑦ 革:急,重。

⑧ 至:到。

⑨ 诣:到。

⑩ 益:增加。

⑪ 汝:你。

⑫ 其:语气词,表示期望。

⑬ 讫:完毕,终了。

⑭ 瞑:闭上眼睛。

⑮ 乃:竟然。

⑯ 囬:"回"的异体字。

⑰ 悛:改,悔改。

⑱ 踵:到。

⑲ 械:桎梏。这里指手铐。

⑳ 遂:于是。

㉑ 蓝榜:清代科举考试榜文名目之一。乡试制度规定,考生缮写试卷有一定的规格,设有违式,如题目写错,真草不全,越幅(中间有空页)曳白(白卷),污损涂抹,以及首场考试的各篇文章起讫虚字相同,二场丧失年号,三场策题讹写,或行文不避庙讳、御名、圣人讳等,经受卷所至对读所叠次查出,即将违式考生的名单,在贡院外墙榜示,称为蓝榜。凡是在第一、第二场被列入蓝榜的考生即除名,不能继续参加下场考试,不在录取之列。

㉒ 恨:遗憾。

㉓ 行:快要,将。

㉔ 缁:黑色。这里指黑色的衣服。

㉕ 目莲大士:目莲,释迦牟尼的十大弟子之一。大士,佛教对佛或菩

119

萨的称呼。

㉖ 幸：希望。

㉗ 垂：敬词，表示对方高于自己。

㉘ 衷：内心。

㉙ 咋舌：表示惊讶，说不出话来。

【释古通今】

受贿杀人

常州江阴有一个姓俞的书生，前去参加乾隆朝有一年在南闱举行的乡试，他刚刚考完第一场，便收拾行李准备回家。大家奇怪地问他原因，他吞吞吐吐地不肯说，看起来一副十分沮丧的样子。大家竭力询问他到底是什么缘故，他被逼无奈，才说："一提起这个原因，我就很痛心啊。我的父亲半辈子都在外地做官，后来辞职回到家里。他病重时，把我们兄弟四个人叫到床前，嘱咐说：'我一生没有做过什么有昧良心的事。只是以前在某个地方担任县令时，曾经接受了两千两银子的贿赂，处死了两个无罪的囚犯，这是我做的一件极其罪恶的事。昨天，我梦见自己来到阴间里当堂对案，说给我的报应是没有后代，只是因为我的祖先曾经有过拯救落水者的大功劳，所以，仅给我留下一个儿子，而且是五代单传，吃不饱，穿不暖。我即将在地狱里受到的苦，是已经不能摆脱了，如果你们中间有不知道这个命运的，却要妄想博取功名，只会增加我的罪过，不是孝顺仁慈的做法。你们兄弟几个能做的，也就是各自勉励自己做点儿善事罢了。'说完，我的父亲就死了。后来，我的几个兄弟相继死去，只有我活了下来。然而，我两次参加乡试，试卷竟然莫名其妙地都被污损了。昨天夜里三更的时候，我答完试卷，忽然一个人撩开帘子进来，我惊奇地看过去，发现竟然是我已经死去的父亲，只见父亲一副忧愁的样子，责备我说：'既然你不能积累功德，挽回天意，为什么竟忘了我临死前留下的遗嘱，使我在道路上奔走,备尝艰辛,而且再次获罪?如果你再不悔改,就会大祸临头了。'说完,用带的手铐一挥,随即蜡烛熄灭了,砚台被掀翻,父亲也不见了踪影。我今年有二十五岁,曾经三次被取消考试资格,这些尚且不值得遗憾,所痛心的是我的父亲遭受谴责,被关押在阴间,即将削发到山里,披着黑色的衣服再次投胎出世,准备仿效目莲菩萨,拯救亡灵。希望各位仁兄能够体谅我的心情。"大家听了,不由得异常惊诧。有一个和他在一个考场的考生叫陈扶青的,写了一首《归山诗》赠送给他。

妙笔点评　　故事假借江阴俞生之口,道出父亲曾经受人贿赂,枉杀无辜,以至于家门遭到不幸,读来令人生出凛然畏惧之心。它以颇为离奇的情节,表达了所谓的因果报应的观点,其中也有着值得我们这些生活在今天的人借鉴的地方。为人应当身正,严于律己,自觉遵纪守法,励行善事,不可做出枉法之事。

失名篇

受人贿赂

【经典原录】

　　陈公才戊午应举,梦一道人告曰:"子醉魁也。"陈好色,以为讥己也,大怒。道人曰:"子真当得魁联第,入中秘为司谏,官至巡抚。"陈觉,告表弟华子虔。华曰:"'醉'乃'辛'、'酉'二字,应在来科。"至辛酉果中。会试不第①,讶梦不验。归过济上,恍遇梦中道人,引至大树下曰:"天数果定,转移在子。子乡举后,所行五事,受人贿赂,致田三百亩,损德多矣。安②保天之不夺尔③福?从今修德,或保天年④。不然且⑤将夺尔寿矣。"言讫⑥不见。后陈悔过迁⑦善,仅以训导⑧终。

【难点简注】

① 第:科举考试的品级名次。

② 安:哪里,怎么。

③ 尔:你。

④ 天年:人的自然年寿。

⑤ 且:将,将要。

⑥ 讫:完毕,终了。

⑦ 迁:变更。

⑧ 训导:明清时府、州、县学皆置,掌协助同级学官教育所属生员。

【释古通今】

受人贿赂

陈公才在戊午那一年参加科举考试时,曾经梦见一个道人对他说:"你是个醉魁。"陈公才本来好色,听了这话,便以为这是在讽刺自己,大为恼火。道人说:"你真的可以接连考中,进入枢要机关担任司谏,官位能够做到巡抚。"陈公才醒来后,把梦见的情况告诉了表弟华子虔。华子虔说:"'醉'实际上是'辛'、'酉'这两个字,依照梦见的情况,你应该是在下一次的考试中夺魁。"到了辛酉年的科举考试时,陈公才果然金榜题名。然而,后来陈公才参加会试时,并没有考中,便惊讶梦中所见不灵验。当他回家过河时,恍惚之间又遇到以前梦见的那个道人,道人把他带到一棵大树下,对他说:"天数早就确定了,将福气转移到你的身上。但是,你参加乡试中举之后,所做的五件事,像接受别人的贿赂,霸占三百亩田地,这些大大地损害了你的阴德。怎么能保证上天不来削夺你的福气呢?从今以后,如果你能够积累阴德,或许可以保住你的寿命。不然的话,上天很快就会来夺取你的性命。"道人一说完话,就不见了。后来,陈公才改邪归正,最终只做到小小的训导。

* *

妙笔点评

　　故事中,陈公才因为不能够励行善事,失去了金榜题名的机会。它借助上天的意志,宣扬了恶行必得恶报的思想观点。它说明了人不可有邪僻之心,应当保有善良之心,与人和善。倘若行为有失,能够自省悔改,尚且可以弥补自己的一些过失。

逢人诋毁

【经典原录】

　　康熙中,江南榜发,群论哗然①。某生独道之最详,曰:"某以贿中②也,某不能文也,某薄于行也。"凡遇人,无不娓娓③告之。一夕,梦金甲神责曰:"某先世积德,某事亲纯④孝,某有阴德而人不知,汝⑤皆诋毁之,岂谓神明不公耶? 汝名已注下科,为此不特⑥科第无望,寿亦不久。"醒后,病舌死。

【难点简注】

① 哗然:喧哗的样子。

② 中:考中。

③ 娓娓:不倦的样子。

④ 纯:善好,美。

⑤ 汝:你。

失名篇

⑥ 特:只,仅。

【释古通今】

逢人诋毁

康熙年间,江南考场发生舞弊案,事情被揭发后,舆论一片哗然。其中,有一个书生把舞弊的真相说得最为详细:"某人因为贿赂别人而考中,某人不能写文章,某人的行为不厚道。"只要一遇到人,这个书生就不厌其烦地唠叨。一天夜里,书生梦见金甲神责备他说:"某人的祖先积有阴德,某人侍奉父母极为孝顺,某人有阴德而别人并不知道,你却把他们一

一批评过来,难道说是神明不够公正吗?本来你的名字已经写在了下一次考试的录取名单里,但是,因为你到处诋毁别人,不仅你没有希望考中,寿命也没有多长了。"醒来后,书生的舌头长疮,最终病死了。

❋❋❋❋❋❋❋❋❋❋❋❋❋❋❋❋❋❋❋❋❋❋❋❋❋

妙笔点评

故事借书生的事,意在告诫我们,每个人都会有不足之处,因此,不要只是看到别人的缺点,一味地诋毁和嘲笑别人;而应该善于发现他人的优点,并且虚心地加以学习,以人之长,来弥补自己的缺点,这样才是正确的态度。

恃才傲物

【经典原录】

> 金坛某生恃才傲物,一日课①文毕,拍案曰:"岂有作此文,而不飞黄腾达者?"是夕,酒酣②步③月,意谓得志后,某女可娶作侧室,某舍可谋作第宅。后抑郁而卒④。

【难点简注】

① 课:按照规定的内容和分量学习。

② 酣:畅快。

③ 步:跟着,踏着。

④ 卒:死。

【释古通今】

恃才傲物

　　金坛有一个书生恃才傲物,一天,写完文章后拍案而起,说:"哪里有写下这样的好文章,却不能够飞黄腾达的呢?"当天晚上,他痛快地喝了一场,然后在月光下散步,心里在盘算着等他得志后,某个女子可以娶来做他的小妾,某个地方可以想办法弄来做自己的宅院。后来,书生抑郁而死。

妙笔点评

　　金坛某生恃才傲物,心存不善,有着强烈的功利思想,结果自取其祸,落得个凄惨而死的下场。所谓欲速则不达,如果一门心思地图谋获得功名富贵,反而会适得其反。因此,急功近利是不足取的价值观,是应该批判的。

处^①馆旷^②职

【经典原录】

失名篇

　　昔吴下一名士,年至^③六十外,一日语^④其妻曰:"我虽不得发达,幸一生处华馆,得以成家立业。"是夜,遂^⑤梦其父责云:"汝^⑥本科第中人,只缘^⑦处馆旷职,文昌削去桂籍,尚自夸口耶?"

【难点简注】

① 处:居住。

② 旷:荒废。

③ 至:到。

④ 语:告诉。

⑤ 遂:于是。

⑥ 汝:你。

⑦ 缘:因为。

【释古通今】

处馆旷职

从前吴地有一个名士,有六十多岁,一天,对妻子说:"虽然我没有混得很有成就,但幸好我一辈子都住在漂亮的房子里,能够成家立业。"当天夜里,他就梦见死去的父亲责备他说:"你本来是能够金榜题名的,只是因为你住在好房子里,荒废了自己的事业,所以,主宰功名的文昌帝君把你的名字从录取的名单里删去了,你还要在这里夸口吗?"

故事中的名士不思进取,却洋洋自得,自我夸口,是个可以作为借鉴的反面典型。学无止境,追求也是没有止境的。惟有以苦为舟,勤学苦练,督促自己不断进步,才能有一番大的成就。

失名篇

误人终身

【经典原录】

明万历间,江南京口张生蚤①蜚②文誉③。七试不中,祷文昌祠。夜梦帝君责曰:"天罚至④矣,尚觊觎⑤功名乎?汝⑥试想十五年来,馆修殊⑦丰,凡历五家,汝不能教其子弟,反为改作文字,欺其父兄,误其终身。汝资用服食,亦已足矣,犹⑧聚徒赌博,破人身家。为师者当如是乎?"张方惊寤⑨,俄而⑩其徒因赌而斗殴死,张株连⑪刑辱,历年馆积罄⑫尽,怏怏⑬以卒⑭。

【难点简注】

① 蚤：通"早"。

② 蜚：通"飞"。

③ 誉：美名。

④ 至：到，来到。

⑤ 觊觎：非分的希望和企图。

⑥ 汝：你。

⑦ 殊：很，非常。

⑧ 犹：仍然，还。

⑨ 寤：醒。

⑩ 俄而：不久。

⑪ 株连：因为一人犯罪而牵连他人。

⑫ 罄：尽。

⑬ 怏怏：不满意的样子。

⑭ 卒：死。

【释古通今】

误人终身

明朝万历年间，江南京口有一个姓张的书生，早早地就蜚声文坛。然而，他参加了七次科举考试，都没有能够考中，便到供奉文昌帝君的神庙里祈祷。当天夜里，他梦见文昌帝君责备他说："上天对你的惩罚来到了，你还敢奢望获得功名吗？你试着回想一下十五年来，你开馆教授了很多学徒，总共教过五家的孩子，你不去好好地教育他们的孩子，反而替学徒写文章，欺瞒学徒的父亲和兄长，耽误了这些学徒的一生。你的日常花费以及用的、吃的、穿的，都已经足够了，而你还要把学徒们聚集在一起赌博,毁了他们的前途,也败坏了他们的家庭。做老师的应该是这样的吗?"姓张的书生猛然从梦中惊醒,反省过来,不久,他的徒弟因为赌博打架而死,他也受到牵连,被处以刑罚,多年教书积攒的钱财也用尽了,最后抱着遗憾死了。

* *

妙笔点评　　张生教徒弟读书,却不能教育他们走正道,反而包庇姑息,最终害了徒弟,也害了自己。韩愈曾经说:"师者,传道授业解惑也。"可见,做老师的责任有多么重大!作为父母,教育自己的子女也是这个道理。父母需要尽心尽力,去引导孩子,加强相互之间的沟通和交流,随时注意孩子的思想动向变化,以便及时地纠正不良倾向。

误人子弟(一)

【经典原录】

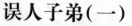

　　谭伯符潜心"四书",讲解精切,每试居优等,名重一时。延①为西席②者,俱③富室大家。谭衣服鲜华,为人和气,性复机巧,能揣生徒之意。每日功课,不过虚应故事。逢作文,先将草稿改定,方令腾真④,浓圈密点,加以好批,欺其父兄。生徒在馆,戏谑⑤言笑,毫无忌惮,谭一味姑⑥容,反在父兄面前极力夸奖。某父兄以为子弟实已改观,感激称颂,而不知为谭所诳⑦也。数十年间,误人子弟,不一而足。年逾知命⑧,不得一第。辛酉科复赴闱⑨,寓⑩中拟《博学而笃志》题,连成两作。同寓二友,各取其一熟记。场中首题果如所拟,谭会通两作,加以润泽,自谓必售⑪矣。榜出,二友得而谭反失。仰天大恨⑫,思杭州于庙祈梦最灵,乃⑬买舟至⑭杭。到庙,寝廊下,梦忠肃公升坐,呼谭至前,怒责之曰:"尔⑮前生是一屠人,杀业极重。因捐五十金,助修文庙,故得转世。食斯文之报,善报尽,仍当受恶报。况尔教学数十年,功课全无,代改文字,欺诳东家,以致聪明之子变为顽钝,罪较杀人尤重。尔不日将入豕⑯胎,受屠宰之苦,尚望科第乎?"谭后得病,作猪声而绝。一子痴愚早死,两孙一为盗,一作乞丐焉。

【难点简注】

① 延:延请,邀请。

② 西席:古代称家塾的教师。因为面向东坐,故称"西席"。

③ 俱:都。

④ 真:正楷。

⑤ 谑:开玩笑。

⑥ 姑:姑且。

⑦ 诳:欺骗,迷惑。

⑧ 知命:"命"指天命。《论语·为政》:"五十而知天命。"意思是说到五十岁的时候,才懂得天命。后人遂以"知命"为五十岁的代称。

⑨ 闱:科举考试的地方。

⑩ 寓:旅馆。

⑪ 售:实现。

⑫ 恨:遗憾。

⑬ 乃:于是。

⑭ 至:到。

⑮ 尔:你。

⑯ 豕:猪。

【释古通今】

误人子弟(一)

谭伯符潜心研究"四书"(即《大学》、《中庸》、《论语》、《孟子》),讲解十分精辟,考试时常常能得优等,在当时很有名气。邀请他做家庭教师的人,都是富贵豪门。谭伯符衣着华丽,为人和气,因为做私塾教师的时间长了,人也变得机巧,能揣摩学徒的心意。每天教授功课,不过是随便讲一些以前的事来敷衍。遇到需要写文章时,他就先改好草稿,让学生用正楷誊写,然后,他在上面详细地圈点,并且加上好的批语,用来欺骗学生的父亲和兄长。学生在课堂上嬉戏说笑,毫无忌惮,谭伯符都一味纵容姑息,反而在他们的父兄面前极力加以夸奖。结果家长们以为自己的子弟已经大有进步,便对谭伯符十分感激,却不知道实际上被谭伯符欺骗了。几十年里,被谭伯符耽误的学生,不一而足。五十岁之后,他仍然没有能够考中一次。辛酉那一年,谭伯符又去参加考试,在旅馆里自己拟了一个《博学而笃志》的题目,接连写了两篇文章。和他同住在旅馆里的两个朋友各拿了一篇文章,记在心里。等到考试时,第一场的考题果然是谭伯符自拟的题目,他糅合自己已经写成的那两篇文章,并加以润色,便认为这一次必定能够如愿考中了。谁知等到录取的名单公布后,他的两个朋友都考中了,而他却名落孙山。他仰天长叹,感到十分遗憾,因为听说在杭州的于庙祈求梦境最为灵验,于是买了船票赶到杭州。到了庙里,他睡在走廊,梦见忠肃公升堂,招呼他到跟前,指责说:"你的前生是一个屠户,杀气太重。只是因为你曾经捐献了五十两银子,帮助修缮文庙,才得以转世。你以前享用的是捐献银子的回报,而如今对你的阴德的报应已经结束,你仍然应当受到恶报。何况你教学几十年以来,并没有教授学生什么

失名篇

功课,反而替学生修改文章,欺骗家长,致使聪明的孩子变成了顽皮愚笨的人,你的这些罪过比起杀人来说,更为严重。过不了多久,你将投胎为猪,饱受屠宰的痛苦,你还敢奢望获得什么功名吗?"后来,谭伯符得病,发出一声猪叫声,随后就死了。他的一个儿子痴呆,早早地就死了,而两个孙子,其中的一个做了大盗,另外一个则成了乞丐。

* *

妙笔点评

谭伯符虽然学识过人,却品行不端,不能潜心教导学生,一味地姑息包庇,欺骗家长,最终他自己也得了报应。故事就以恶行必得恶报的因果之说,劝诫人们除了有好的学问,还应该有好的品德。

先名篇

误人子弟(二)

【经典原录】

> 杭州沈某少有文名,游京师,富贵家多厚脯①,延②训其子弟。沈为子弟代倩③文字,以诳④主人。主人面试,则多方买嘱家人传递,虽童婢莫不贿遍,内外蒙蔽,与及门⑤日事赌博而取利焉。岁丁巳,及门敛金援例⑥,南归乡试⑦,宿泰安州东岳庙下,梦神切责云:"受人厚脯,误人子弟,死期已至,尚敢冀功名耶?"命笞背四十,呼号而醒。不数日,疽⑧发背,痛苦中自供劣迹。至镇江,殁⑨于舟次⑩。

【难点简注】

① 脯:干肉。

② 延:邀请。

③ 倩：请别人代自己做事。

④ 诳：欺瞒，欺骗。

⑤ 及门：指受业弟子。

⑥ 援例：引用成例。

⑦ 乡试：明清两代每三年一次在各省省城（包括京城）举行的考试。
考期在八月，分三场。考中的称为举人。

⑧ 疽：一种毒疮。

⑨ 殁：死。

⑩ 次：临时驻扎和住宿。

【释古通今】

误人子弟（二）

杭州有一个姓沈的书生，年轻时就因为文章写得好而出名，一到京师，多数富贵人家都给他送来好礼，请他教育自己的子弟。谁知他竟然替学生们写文章，来欺骗家长。当家长考查子弟的学业时，他便想了很多办法来买通家人传递消息，就连儿童和婢女也都受过他的贿赂，这样一来，外面的人和家长都被他蒙在鼓里，无法知道学生们的实际的学习情况，而他则和弟子们每天赌博，从中渔利。丁巳那一年，他的学生按照以前的惯例送给他一些银子，随后，他就南下，准备参加乡试，路过泰安州东岳庙时，住了下来，夜里便梦见神仙严厉谴责他说："你接受了家长的厚礼，却耽误了人家的子弟的前途，你的死期已经到了，还敢奢望获取功名吗？"并且，命令属下打他四十大板，他喊叫着醒了过来。没过几天，他背上长疽疮，在饱受病痛中承认了自己做的种种坏事。到镇江时，他死在了一条客船上。

妙
笔
点
评

古人曾经说过,受人之托,忠人之事。杭州沈某贪图私利,竟然借授徒之便牟取暴利,误人子弟,其行为应该受到严厉的批判。学高为师,身正为范。做老师的人,应该公正无私,严格要求学生。并且,注意和家长保持联系,以便及时地了解学生的情况,互通有无,而不是想办法欺瞒家长,意图掩饰自己的罪责。

以此除名

【经典原录】

失
名
篇

江宁庠生①郭某,崇祯己卯入场。未放榜时,对门杨生谓曰:"我近为阴府判官,知君该中五十七名,为②某年某月某日江北收租,与一田妇苟合③于星月之下,又汝家一婢为④汝收用,不得其死,以此除君名矣。"后郭果以贫贱终。

【难点简注】

① 庠生:府、州、县学的生员的别称。庠是古代的学校。

② 为:因为。

③ 苟合:指不正当的男女关系。

④ 为:被。

【释古通今】

以此除名

江宁有一个姓郭的生员,在崇祯己卯那一年参加了科举考试。在公布录取名单之前,对门姓杨的书生对他说:"我最近担任阴间的判官,知道你本来应该考中第五十七名,但是,你在某年某月某日到江北收取租税的时候,曾经和一个乡村妇女趁着夜色发生了不正当关系,另外,你家的一个婢女被你霸占,最后被你杀死,因为你做了这些坏事,所以,现在已经除去了你的名字。"后来,姓郭的生员果然一生贫贱,始终没有获得功名。

✿✿✿✿✿✿✿✿✿✿✿✿✿✿✿✿✿✿✿✿✿✿✿✿✿

妙笔点评　　故事借杨生之口,宣扬了所谓的因果报应之说。其中,表现出的重视德行的观点,仍然值得生活在今天的我们注意和深思。人在提高自己的学识水平的同时,也应该提升自己的品格,做到德才兼备,从而完善自我,不断进步。

天榜除名

【经典原录】

　　龙舒刘尧举买舟就试,舟人有女,刘数①调②之,无由得间③。至二场,出院甚④早,适⑤舟人入市贸易,遂⑥与女通。是夕,父母梦神告曰:"郎君应得首荐,因所为不义,天榜除名矣。"及⑦发榜,闱⑧中果已拟元,因杂犯见黜。刘大悔恨,后竟终身不第。欢娱有限,悔恨无穷。

【难点简注】

　　① 数:多次,屡次。

　　② 调:挑逗。

　　③ 间:空闲。

　　④ 甚:副词,很,非常。

⑤适:碰巧,正赶上。

⑥遂:于是。

⑦及:等到。

⑧闱:举行科举考试的地方。

【释古通今】

天榜除名

　　龙舒人刘尧举买了船票乘船前去参加科举考试,船主有一个女儿,刘尧举多次挑逗她,无奈始终没有机会。考完第二场,刘尧举出来得很早,恰巧船主到集市上买东西去了,他便趁机和船主的女儿私通。当天晚上,刘尧举的父母就梦见神仙说:"你的儿子本来是考官要推荐的人,但是他做了不义的事,现在已经把他的名字从录取名单里删掉了。"等到录取的名单公布后,才知道考官本来就是准备录取刘尧举,但因为他的试卷出现了一些错误,而最终取消了他的名次。刘尧举知道后,十分后悔,后来一直都没有考中。一时的欢乐毕竟有限,而留下的悔恨却是无穷无尽的。

故事借刘尧举的例子,意在告诫众人不可做出不仁不义的举动,否则只会自食其果,贻误终身。与人相处时,应当谨言慎行,严格要求自己,自觉遵守伦理道德规范,不断提高自身的修养。

科甲削尽

【经典原录】

吴地某公子,欲奸一寡妇,与所契①友谋之,友即授之计,约某日往。届②期,其父梦绯③衣神告曰:"汝④子当登科甲,因坏心术尽削去。某友本贫贱,复为人谋不善,(甚矣,谋之不臧⑤也!向使力为谏阻,则命本贫可富也,命本贱可贵也,何至受谴若此哉?可见天无绝人之路,而人自绝于天也。)应寸斩其肠。"父惊觉,(平时失教,懊悔无及。)即至⑥书馆,果闻此友哀呼腹痛而绝,公子渐渐发狂,披发行市,卒⑦不能救。

【难点简注】

① 契:相合,投合。

② 届:至,到达。

③ 绯:粉红色。

④ 汝:你的。

⑤ 臧:善,好。

⑥ 至:到。

⑦ 卒:终于。

【释古通今】

科甲削尽

　　吴地有一个公子,想奸污一个寡妇,便与意气相投的一个朋友商量办法,朋友为他想好计策,约定某一天动手。到了那一天,公子的父亲梦见穿着粉红色衣服的神仙对他说:"你的儿子本来能够金榜题名,但是因为他产生了邪念而被取消了名次。他的朋友本来出身贫贱,现在又为他筹划恶毒的计谋,(计谋多么不善啊! 假如能够竭力劝阻他们,那么,本来贫穷的命可以获得财富,本来卑贱的命可以赢得尊贵,怎会至于遭受这样的谴责呢? 可见上天并没有绝人之路,而是人自己要自绝于天。)应当让他肠寸断而死。"公子的父亲一下子被惊醒了,(平时不好好教诲自己的儿子,现在后悔也来不及了。)匆忙赶到书馆,果然听说儿子的朋友接连喊着肚子疼而死,公子也渐渐地发了狂,披着头发在集市上行走,最终没能把他救治过来。

妙笔点评

　　故事以绯衣神代言的形式,表达了对恶行的谴责之意。其中,公子为人邪佞,他的朋友竟然也与他同流合污。它告诉我们,害人之心不可有,人应该心存仁善,洁身自好,时时激励自己向善,万万不能做出违法乱纪之事。

天削禄籍拆婚

【经典原录】

海盐举人郑旦复,端简公孙也。将赴礼闱①,乏路资,适②邑中有富户,以婿贫不能娶,改婚他姓,脯郑百金,乞③邑合批照,即日嫁女。旦复梦端简公怒责之曰:"汝④本应登第⑤,今拆人婚姻,被贫士祖宗申诉,我极力救解,理屈词穷。上帝已削汝禄籍,行⑥且⑦客死⑧矣。可惜! 可恨⑨!"旦复惊寤⑩,急欲挽囘⑪,而已无及⑫,随呼贫士以前银给之,使别娶,及计偕被斥,呕血数升,即附舟归,不数程而病卒⑬。

【难点简注】

① 闱:科举考试的地方。

② 适:碰巧,正赶上。

③ 乞:乞求,请求。

④ 汝:你。

⑤ 登第:考中进士。

⑥ 行:即将。

⑦ 且:将,将要。

⑧ 客死:死于异地。

⑨ 恨:遗憾。

⑩ 寤:醒。

⑪ 囘:"回"的异体字。

⑫ 无及:赶不上,来不及。

⑬ 卒:死。

失名篇

【释古通今】

天削禄籍拆婚

海盐举人郑旦复,是端简公的孙子。他准备到京城参加礼部主持的考试,但是缺少路费,正好城里有一个有钱人,嫌弃未来的女婿家里贫穷,想把女儿另外许配给别人,便送给郑旦复一百两银子,请他帮忙消除以前的婚约,不久就让女儿出嫁。郑旦复梦见端简公怒气冲冲地责备他说:"你本来应该金榜题名的,如今却拆散别人的婚姻,被有钱人的那个贫穷的女婿的祖宗告了一状,我极力地替你辩白,无奈也是理屈词穷。现在,上帝已经裁去了你在功名簿上的名字,而且即将死于异地他乡。实在可惜!遗憾啊!"郑旦复一下子被惊醒了,急忙想要挽回自己的过错,可是已经来不及了,只好叫来那个贫穷的"女婿",送给他一百两银子,让他另外再娶,不料被他训斥了一顿,郑旦复吐了几升血,随即坐船回家,没有走多远就病死了。

❋❋❋❋❋❋❋❋❋❋❋❋❋❋❋❋❋❋❋❋❋❋❋❋❋❋❋❋❋❋❋❋

妙笔点评

拆人婚约,是极其不可取,也极不道德的行为。郑旦复不想着如何去帮助困难中的人,反而为虎作伥,结果不仅自己功名无望,而且,也客死他乡,落得个悲惨的结局。可见,为人处事理当心存仁爱,与人为善,坚持朝好的方面去努力,去帮助别人,而不能做出不仁不义之举,误人也误己。

失名篇

潦倒终身

【经典原录】

济阴王生素好恶。秋试文甚佳,房师荐之,及填榜,忽失其卷,填毕,乃在袖中,房师大悔,召之见,许以他事相补。未几①,房师转铨②部,生即输粟入成均③。及赴考,房师正在选司,见生大喜,密令拣一美缺,借恩例预选。至期,房师以父艰④谢事。越三年起复,仍补选司,生亦以年深应选,拣授一官。不数日,生丁母忧⑤,房师怜其命蹇⑥,乃荐之抚军,为西席三载,可望千金。未阅⑦月,抚军竟以事去,生愤恨成疾死。

【难点简注】

① 未几:不久。

② 铨:选拔。

③ 成均:即国子监。设在京城和各省城的学校。

④ 父艰:父丧。按照古代的礼制,父亲去世,儿子要服丧三年(实际上是二十七月。说三年,是举其整数而言)。在服丧期间,官员要辞职回家服丧,期满后才能继续做官。

⑤ 丁母忧:即母丧。

⑥ 蹇:困苦,不顺利。

⑦ 阅:经历。

【释古通今】

潦倒终身

济阴一个姓王的书生向来喜欢做坏事。他参加秋试时写的文章非常

好，恩师就把他推荐为录取的人选，但是，等到填写榜文时，书生的试卷忽然不见了，填完榜文后，恩师才发现书生的试卷竟在自己的袖子里，后悔之余，遂召来书生相见，许诺将来用别的事情来弥补他。不久，恩师转而负责选拔官吏，书生也就趁机送了一些钱财，混入到国子监里。等他参加考试的时候，碰巧恩师正在选拔官吏，看见书生十分高兴，暗中让他挑选了一个好职位，借着皇帝施恩的机会提前录用。不料到时候，恩师因为父亲去世，辞职回家守丧了。三年之后，恩师又回来任职，仍然负责选拔官吏，书生也因为年纪大、资格老而被入选，担任一个官职。但是，没过几天，书生的母亲去世了，恩师同情他命运不好，将他推荐给抚军，如果做了抚军三年的师爷，有希望得到一千两银子。然而，还不到一个月，抚军因为有事走了，书生最终愤恨成疾而死。

妙笔点评

济阴王生因为一向恶行累累，所以，虽然有恩师照应他，他仍然逃脱不了厄运。故事通过他的事迹，意在宣扬恶行必得恶报的思想。其中，暗含着劝人向善之意，对我们有着借鉴和警醒意义。与人为善，能够励行做善事，才是值得大力肯定和称颂的。

失名篇

父母饮① 恨

【经典原录】

康熙甲辰会试②,四川举人杨某者,寓③四川营石芝庵。场事既④竣⑤,候榜于京师。一夕,与诸同年⑥饮,偶出,忽仆⑦地,众舁⑧入室,移时始甦⑨。叩之,云:"甫⑩出户,见二卒强之行,至⑪一公府,有王者南向坐,梓童帝君⑫坐其侧。顷之,有吏引杨父母至,王者向云:'今年汝⑬子某合⑭中进士,汝愿之否?'其父拜谢。母独曰:'不愿也。'王者叩⑮其故,母答曰:'此子不孝。昔避寇乱入山,距城甚⑯远。主一亲故,主人馆餐甚厚,因令子暂归视家室。适⑰部檄至,催谒选,县令强之,遂⑱赴都,中途得病而返。迨⑲子入山,而身已死,含⑳敛皆主人经理之。至今饮恨泉下,故不愿也。'帝君顾吏取簿籍检之,良久㉑,语王者曰:'以高某代杨可也。'"榜发,则梁山高某应选。

【难点简注】

① 饮:含。

② 会试:明清两代每三年一次在京城举行的考试。各省的举人都可以参加应考。考中的人称贡士。

③ 寓:住宿。

④ 既:已经。

⑤ 竣:完毕。

⑥ 同年:明清时,同榜考中的都称"同年"。

⑦仆：向前倒下。

⑧舁：抬。

⑨甦：醒。

⑩甫：始。

⑪至：到。

⑫梓童帝君：道教所奉主宰功名、禄位的神。

⑬汝：你的。

⑭合：应当。

⑮叩：叩问，问。

⑯甚：副词，很，非常。

⑰适：碰巧，恰巧。

⑱遂：于是。

⑲迨：及，到。

⑳含：办丧事时，塞在死人嘴里的珠、玉、米等物。

㉑良久：犹言很久。

【释古通今】

父母饮恨

　　康熙甲辰年举行会试的时候，四川有 个姓杨的举人，住在四川营石芝庵里。考试结束后，姓杨的在京城等着公布榜文。一天晚上，他与一群举人一起喝酒，他中间出去了一下，却忽然倒在地上，众人把他抬进房子里，过了一会儿，他才苏醒。大家问他到底是怎么回事，他回答说："我刚刚出门，就看见两个官差强迫我跟着他们走，随后来到一个官府里，只见有一个做君王的人朝南坐着，梓童帝君坐在旁边。不久，有一个官吏领着我的父母来了，做君王的那个人冲着我的父母说：'今年你的儿子应该考中进士，你愿意他考中吗？'父亲叩拜谢恩。母亲却说：'我不愿意儿子考中。'做君王的人问原因,母亲回答说:'我的儿子不孝顺。以前我们为了躲避敌寇引起的混乱,跑到山里面,那里距城里很远。有一个亲戚,盛情招待我们住宿和吃饭,所以我们就让儿子暂且回家看看情况。碰巧礼部的檄文到了,催促他去参加选拔考试,在县令的一再督促下,他才赶往京城,不料半路上得病,又回来了。等到他进入山里,我已经死了,一切丧事都是由我的那个亲戚一手操办的。一直到现在,我仍然在阴间里心中留有遗憾,所以我不愿意让儿子考中。'梓童帝君回头示意官吏把簿籍取来仔细核对一下,过了很久,官吏向做君王的那个人禀告说:'用姓高的人代替姓杨的人考中,就可以了。'"等到录取的名单公布后,果然是梁山一个姓高的人被录取。

＊＊＊＊＊＊＊＊＊＊＊＊＊＊＊＊＊＊＊＊＊＊＊＊＊＊＊

妙笔点评

举人杨某因为不孝顺,连他的母亲也不愿意让他考中。故事通过讲述他的事迹,是意在劝说世人应该自觉遵守道德规范,尊敬长辈,孝敬父母,做一个既有才学,又有美好品质的人。

路人视亲

【经典原录】

桐乡某生幼聪慧,祖母最溺爱,稍不遂意,辄①嫚②骂,祖母及父母初不之较③也。及④长,惟妇言是用,视父母如路人。乾隆乙酉科入闱⑤,文甚⑥得意,房官乌程黄令首荐主司,曹公已取中,旁若有人云:"此不孝人,不可中。"遂弃之。榜后,召生语⑦其故,书⑧格言赠曰:"学者先心术,后文艺⑨。如孝弟⑩有亏,虽才高班马⑪,安⑫望功名?"生见之涕泣追悔,未一年,呕血死。

【难点简注】

① 辄:总是,常常。

② 嫚:侮辱,轻慢。

③ 较:考较,追究。

④ 及:等到。

⑤ 闱:科举考试的地方。

⑥ 甚:副词,很,非常。

⑦ 语:告诉。

⑧ 书:书写。

⑨ 艺:犹言"文"。

⑩ 弟:通"悌"。

⑪ 班马:也称"马班",即指司马迁、班固。司马迁是《史记》的作者,班固是《汉书》的作者。二人都对历史学有重要贡献,且都是著名的散文家。

⑫ 安:哪里,怎么。

失 名 篇

【释古通今】

路人视亲

桐乡有一个书生,小的时候就很聪明,祖母特别溺爱他,以至于如果稍微不能让他满意,他便侮辱谩骂,他的祖母和父母当初并没有深究。等到他长大后,他只听从妻子的话,而把父母看作陌路人。在乾隆乙酉那一年的科举考试中,他的文章写得很好,考官乌程黄把他推荐给主考官,本来已经确定他的名次了,忽然听到好像旁边有人在说:"这个考生是个不孝顺的人,不能让他榜上有名。"于是,又取消了他的名次。金榜公布后,考官把他叫来,告诉他其中的原因,并且写了一句格言送给他:"学习的人先要心术端正,然后才是做文章。如果为人不能够做到孝悌,即使才气高于班固和司马迁,哪里还能奢望功名呢?"书生见了格言,哭着忏悔自己的过错,不到一年,就吐血死了。

****

妙笔点评

这个故事对如今为人父母者,颇有启发意义。因为受到祖母的溺爱,桐乡某生有恃无恐,长大后就成了六亲不认的人。他的例子说明了父母在教育子女时,不能一味地纵容姑息。当孩子有了过失,就应该及时地督促他加以纠正,将表扬和批评结合起来,对子女进行充分的教育。只有这样,才不会误导孩子,贻误孩子的终身。

失名篇

凌虐寡嫂

【经典原录】

秦簪园名大成,与其中表①某赴会试②。夜梦至③文昌宫中,适④关帝至,问今岁状元何人,文昌以某对。忽见一妇人跪帝前云:"某为我夫弟,夫死,某凌虐备至,忧郁致死。"文昌曰:"此人短行,奚⑤可大魁天下?特⑥上帝选才甚⑦难,殿试已近,谁可易者?"关帝曰:"查后科何人易之,申奏未迟。"有一吏捧册跪进,文昌曰:"今岁且⑧以秦大成为状元,"是科秦果第一,某落第⑨,未岁死。簪园主讲平江书院,每⑩举以为诸生⑪戒。

【难点简注】

① 中表:即"中表兄弟"。古代称父亲的姐妹(姑母)的儿子为外兄弟,称母亲的兄弟(舅父)、姐妹(姨母)的儿子为内兄弟。外为表,内为中,合称"中表兄弟"。

② 会试:明清两代每三年一次在京城举行的考试。各省的举人都可以参加应考。考中的人称贡士。

③ 至:到。

④ 适:碰巧,正赶上。

⑤ 奚:疑问代词,哪里。

⑥ 特:只,不过。

⑦ 甚:副词,很,非常。

⑧ 且:暂且,姑且。

⑨ 落第:没有考中。

⑩ 每:常常。

⑪ 诸生:明清时,称已经入学的生员。

失名篇

【释古通今】

凌虐寡嫂

秦簪园取名叫大成,有一年,和他的表弟一起去参加会试。夜里,他梦见自己来到文昌帝君的宫中,碰巧关帝也来了,询问今年的状元是谁,文昌帝君回答说,是秦簪园的表弟。忽然,看见一个妇女跪在帝君的面前,说:"秦簪园的表弟是我丈夫的弟弟,丈夫死后,他欺负虐待我,使我忧郁而死。"文昌帝君说:"既然这个人行为有过失,怎么可以让他天下夺魁呢? 不过,上帝选拔人才非常不容易,现在殿试的日期快到了,能够让谁来代替他呢?"关帝回答说:"可以查查下一科考试的人里面有谁能代替他,然后再向上帝禀告也不迟。"接着,就有一个官吏捧着一本册子进来跪下,文昌帝君说:"今年的科举考试暂且把秦大成点为状元,"金榜公布后,果然是秦簪园考了第一名,他的表弟名落孙山,不到一年就死了。后来,秦簪园在平江书院授徒讲学,常常举出表弟的例子,来劝诫生员们。

* *

妙笔点评　　秦簪园的表弟欺虐寡嫂,最后遭到报应,不得考中状元。故事意在申明恃强凌弱,是值得批判的行为,表达出惩恶扬善的意图。对待别人理当多一份理解和爱心,互相照顾,对待自己的亲人更应该关爱有加。这样一来,才会共同营造出良好的氛围,我们的社会也才能够变得更加和谐温馨。

失名篇

荒淫者戒

【经典原录】

> 吴郡诸生管静山名英者,工①于诗文,有声庠序②,惟性颇放诞,喜为挟邪游。嘉庆丙子科,往金陵乡试,三场甫③毕,即颠倒于秦淮妓馆。及得病始归,病革④时,慨然⑤曰:"管英不中,无以为能文者劝。管英不死,无以为荒淫者戒。"越日,报中人果至。又一日乃绝。

【难点简注】

① 诸生:明清时称已经入学的生员。

② 工:善于,擅长。

③ 庠序:泛指学校。殷代称地方学校为庠,周代称地方学校为序。

④ 甫:始。

⑤ 革:急,重。

⑥ 慨然:感叹的样子。

【释古通今】

荒淫者戒

　　吴郡有一个生员叫管静山,名英,擅长写诗作文,在学校里很有名气,只是为人比较放诞,喜欢在青楼妓馆里厮混。嘉庆丙子那一年举行科举考试,他到金陵参加乡试,三场考试刚刚结束,他就迫不及待地跑到秦淮妓馆里。等到得了病,他才回家,病情严重时,感叹地说:"我管英不能考中的话,就不能作为劝诫读书人的典型。我管英如果不死的话,就不能来劝诫荒淫的人。"过了一天,果然有人来向他报喜,说他已经金榜题名。又过了一天,他才死去。

　　管静山虽然才华横溢,但是品行不端,终致得病而死。他临死前悔过的话,颇有代表意义。他的故事告诉了我们加强自身修养的重要性,也在告诫我们为人处世应当谨慎,洁身自好,不可放纵自己,恣意妄为。

妻忿而缢

【经典原录】

　　江南王孝廉①晋原博学能文,为南中名宿②。雍正癸卯发解③后,终身不赴礼闱④。人疑而诘⑤之,曰:"余少时,与妻不睦,妻忿而自缢。嗣后入闱,至夜分⑥,辄⑦出相扰,卷幅非墨污,即烛熄⑧。每试皆然,不能终场。及⑨癸卯春加意揣摩,练熟文机,入闱日将夕,真⑩草俱毕,复恐其攘⑪取,乃⑫藏束衣内,危⑬坐以俟⑭。夜分妻至,觅卷不可得,嘻笑曰:'尔⑮诚⑯狡矣。然今科应中,亦尔命也。但一之为甚,勿庸再涉妄想。明春俟于黄河岸侧,断不容尔北上。'忿忿而去。"遂绝意进取,终老于家。

【难点简注】

① 孝廉:明清两代对举人的称呼。

② 名宿:有名的老前辈。

③ 发解:明清时称乡试考中举人为"发解"。

④ 闱:科举考试的地方。

⑤ 诘:责问。

⑥ 夜分:犹言半夜。

⑦ 辄:总是,常常。

⑧ 熄:"毁"的异体字。

⑨ 及:等到。

⑩ 真:正楷。

⑪ 攘:偷,窃取。

⑫ 乃:于是。

⑬ 危:正,端正。

⑭ 俟:等待。

⑮ 尔:你。

⑯ 诚:确实。

失名篇

【释古通今】

妻怨而缢

江南有一个孝廉叫王晋原,博学多才,善于写文章,是中南部有名的老前辈。他在雍正癸卯那一年考中举人后,终身都不再参加考试。其他人都觉得奇怪,便问他原因,他回答说:"我年轻的时候,和妻子不和睦,妻子一气之下上吊了。随后,我去参加考试,每到半夜时,死去的妻子就出来扰乱,我的试卷不是被墨水污损,就是被蜡烛烧毁。每次考试都是这样,我始终不能答完每一场考试的试卷。癸卯那一年春天,我特意反复揣摩,能够很熟练地写文章,到了我进入考场那天,接近黄昏的时候,我已经用正楷和草书把试卷都抄写了一遍,因为担心妻子的鬼魂再来偷走,便把试卷藏在衣服里包好,端端正正地坐着,等待妻子的到来。半夜时,妻子果然来了,找不到试卷,冲我笑着说:'你确实狡诈。不过,你这一次考试能够考中,这是你的命。但是,这一次能考中已经足够了,你别再妄想以后会考中。明年春天,我在黄河岸边等你,一定不会让你到北边参加考试。'说完,忿忿不平地走了。"从此以后,他再也没有心思去考取功名,一直呆在家里。

妙笔点评　王晋原气死妻子,以至于妻子的冤魂不散,他自己也不得考取功名。故事讲述的内容虽然颇为离奇,却也道出了一个让人深思的问题,即如何与人和睦相处。每个人都有自己的习惯和爱好,因此,在日常生活中,自然不免会产生摩擦和矛盾。在这个时候,就需要相互之间多一点宽容,多一份忍让,增进彼此的了解,从而实现双方的理解和信任。

碎磁刺喉

【经典原录】

长沙吴志南博古能文,尤精刀笔[①]。家贫,屡因场屋,遂就幕席,人争延[②]之,家渐裕。雍正壬子闱中,文颇得意,将出号门,忽作失惊状,取磁碗掷破,持犀利者刺喉,鲜血淋漓,仆[③]地而死。人皆谓其刀笔害人之状也。

【难点简注】

① 刀笔:公牍。
② 延:邀请。
③ 仆:向前倒下。

【释古通今】

碎磁刺咙

长沙吴志南学识渊博,善写文章,尤其擅长写公案文书。因为他家里贫穷,多次参加考试都不能考中,于是,他做了别人的幕僚,当官的人争着来聘请他,他的家境也慢慢地富裕起来。雍正壬子那一年,他去参加考试,文章写得很满意,他正准备走出考场时,忽然,像中了邪一样,拿起一个磁碗,将它摔碎,然后用锋利的碎片刺破自己的喉咙,一时鲜血淋漓,倒在地上就死了。人们都说,这是对他平时写文书害人的报应。

故事情节颇为离奇,吴志南竟然做出奇怪的举动,是对他平时恶行的回报。他的故事告诉我们,贫穷并不可怕,可怕的是不能坚守自己的美德。当财富日积月累时,而美德却日渐削减,才是令人痛心的。

解带自经①

【经典原录】

蔡生江左②名士③也,公车④入都,馆⑤满洲⑥某氏家。主人故⑦,惟主母抚一子一女,家有老仆,已历三世。会⑧主母将嫁女,使仆征田租,仅获八十金,计不敷用,仍令收贮。仆以⑨身常出外,恐有失误,因携入馆中,以情告蔡,乞代为收贮。蔡纳之箱中,曰:"寄此无妨也。"仆谢而去。又半月,征得余金复命,主母索前项⑩,仆往取,蔡不承曰:"汝那得有银存我处?"仆笑曰:"师爷毋戏言相吓,幸⑪见⑫付。"蔡怒曰:"何物老奴,敢来诬我?我为汝家教子弟,岂为汝作看财奴耶?"仆大惊,争辨不已,蔡声色俱厉,即欲解馆。主母因疑仆,立门外慰蔡曰:"先生息怒,吾当责此叛奴。"呼仆入,痛责索偿。仆无以自明,但⑬批⑭颊自骂,夜遂缢⑮。次年,蔡入闱,精神恍惚,下帷秉⑯烛,亲笔备⑰录其事,自述昧心灭理,罪不可逭⑱,解带自经。比⑲人知觉,体已冰矣。其自供辞,众争录之,以为文人无行者戒。

【难点简注】

① 经:上吊。

154

② 江左:古地区名。指长江下游南岸地区。古人在地理上以东为左，以西为右,故江东又名江左。

③ 名士:有名的人。

④ 公车:官车。汉代以公家车马递送参加科举考试的人,后世遂把"公车"用作举人入京参加考试的代称。

⑤ 馆:书塾。这里用作动词。

⑥ 满洲:清代满族自称。

⑦ 故:死亡。

⑧ 会:恰巧,碰巧。

⑨ 以:因为。

⑩ 项:前次的款目。

⑪ 幸:希望。

⑫ 见:放在动词前面,表示对自己怎么样。

⑬ 但:只,仅仅。

⑭ 批:用手打。

⑮ 缢:上吊,吊死。

⑯ 秉:持,拿。

⑰ 备:完备,齐全。

⑱ 逭:逃避。

⑲ 比:及,等到。

【释古通今】

解带自经

有一个姓蔡的书生,是江东有名的人,到京城参加科举考试期间,在一个满族人的家里教书。这家的男主人已经去世,只有女主人抚养着一个儿

失名篇

子和一个女儿,此外,家里还有一个老仆人,已经侍奉三代主人了。碰巧女主人即将让女儿出嫁,便命令仆人去征收田租,因为仆人只收回八十两银子,初步计算了一下,这些钱还不够婚礼花费的,就让仆人再去收田租,八十两银子也暂时交给他保管。仆人因为常常出门在外,担心这些钱会丢失,便把钱带到私塾里,向姓蔡的书生说明情况,请他帮忙保管。姓蔡的书生把钱放在箱子里,对仆人说:"钱寄存在这里,你只管放心,没有什么问题。"仆人连声道谢,随后就走了。过了半个月,仆人征收完剩下的田租后,来向女主人复命,女主人索要以前征收的那些钱,仆人便到私塾来取,谁知姓蔡的书生竟然否认说:"你哪曾在我这里存过什么银子?"仆人笑着说:"师爷你不要拿开玩笑的话来吓我,希望你把钱还给我。"姓蔡的书生怒气冲冲地说:"你一个老仆人算什么东西,竟敢来诬告我?我为你家主人教育孩子,难道是为你做看守财物的奴仆吗?"仆人大吃一惊,两个人就争吵起来,姓蔡的书生声色俱厉,立即要离开私塾。这使女主人怀疑是仆人把钱藏了起来,于是,女主人站在门外,安慰姓蔡的说:"先生不要生气,我会责备这个背叛我的仆人的。"随即把仆人叫过来,狠狠地训斥了一顿,并且要求仆人赔偿那些钱。仆人没有办法解释自己是清白的,只是用手打自己的脸,一边打,一边骂自己,到了夜里,就上吊自杀了。第二年,姓蔡的书生参加科举考试,才进考场,就觉得精神恍惚,放下帷帘,拿着蜡烛,开始动笔把事情的前前后后详细地写下来,其中写到自己做了伤天害理的事,所犯的罪不能够逃避,最后解开衣带,上吊死了。等到人们知道后,他的身体已经变得冰凉了。他写的供辞,众人争着抄写,以作为没有德行的文人的借鉴。

妙笔点评

蔡生虽然闻名遐迩,却没有德行,竟然为了贪图钱财,而害死了一个仆人。他的举动既不义,也不仁,最终也得到了报应。故事本身也给我们很好的借鉴和启发,它告诉我们为人应当诚实守信,有情有义。与金钱相比,高尚的品德是无价的。

堕^①卷妒人

【经典原录】

> 康熙丁酉,淮安两生,一姓徐,名儁^②,为人谨厚,一姓刘,名起,颇狡滑。皆有文名,平素交好,同寓应试,至入场同号,两人喜曰:"可互相检察矣。"刘见徐卷胜己,妒心忽起,持卷入人群中,故意堕地,因绐^③徐曰:"已失之矣。"徐泣而寻之,傍有一吏,不知何来,出袖中还之。是科徐中式,刘下第。

【难点简注】

① 堕:落,掉下来。

② 儁:"俊"的异体字。

③ 绐:哄骗,欺骗。

【释古通今】

堕卷妒人

康熙丁酉那一年,淮安有两个书生,一个姓徐,名儁,为人谨慎敦厚,一个姓刘,名起,比较狡猾。两个人都以文章写得好而出名,平时关系很好,前来参加科举考试时,两个人住在一起,等到进入考场,发现座位离得很近,两个人高兴地说:"这样的话,我们就可以互相看看试卷了。"姓刘的见姓徐的试卷答得比自己的好,忽然产生了忌妒之心,便拿着姓徐的试卷走到人群中,故意把试卷丢在地上,然后哄骗姓徐的书生说:"你的试卷已经丢失了。"姓徐的哭着去寻找试卷,旁边有一个官吏,谁也不知道他是从哪里来的,从袖子里拿出试卷,交给了姓徐的。最后,姓徐的金榜题名,而姓刘的则名落孙山。

* *

姓刘的书生因为忌妒别人,竟然不顾昔日的情义,故意作恶,他的行为着实可鄙。故事就通过两个书生的为人和结局的对比,说明忠厚之人终会得到好报,而油滑之人只会遭人厌弃。

失名篇

后　记

　　这是一套有关传统道德的丛书，由于历史环境的差异，其中有些故事或言论并不完全符合当今时代的标准，但大部分故事表达的思想对当代人还是有学习和借鉴意义的。我们建议读者从以下三个方面去考虑：

　　第一，本套书分十三类，基本涵盖旧时代做人的各个方面。这里面有些东西虽然有点过时或陈腐，但其对道德的理解和关注，在今天也还是有参考意义的。如"孝史"、"家庭美德"、"妇女故事"侧重于家庭生活；"官吏良鉴"、"法曹圭臬"、"赈务先例"侧重于为官；"巧谈"讲言辞之美；"民间懿行"讲留美名于民间；"人伦之变"讲人与自然的关系等，所以仅从标题上就可以看出做人的道德范围。今天我们依然生活在这些范围之内，有些可能更强化了。如"人伦之变"着重讲人与自然的密切关系，与我们现在倡导的环境保护、和谐发展也有相通之处。

　　第二，这套书中所选的许多故事，有不少是历史上经久传诵的著名故事，可以开拓视野，增长知识。如"英勇将士传"中，有个"苦守孤城"的故事，讲的就是唐朝著名将领张巡率军死守睢阳的事迹。这个故事出自唐代著名散文家韩愈的文章，在文学史上比较有名。通过读"苦守孤城"这个故事，既能认识古代军人的优秀品质，又增加了文学知识。类似这样的例子还很多，值得细心玩味。

　　第三，这套书中的不少故事，到今天还有一定的借鉴意义。道德是为人处事的基本准则，有些可能随着时代的变化而变化，但许多基本的东西如善良、正直、廉洁、奉献等则是不会变的。所以，这套书中所选的不少故事，依然可以作为育人的教材。如"孝史"中的"万里寻父"、"万里寻母"等故事，所讲述的就是对父母的爱，今天读来依然感人。而"官吏良鉴"中所列的"拒金不纳"、"至诚爱民"等故事，今天也不失为做官的基本规范。

　　但愿有心的读者能从中得到收获。

　　是为记。

后

记

2010 年 9 月